·投考公務員系列·

懲教

投考實戰攻略

Correctional Services Recruitment Guide

應試必修策略 直擊投考實況
助你提升面試懲教署實用技巧

前總懲教主任
仇志明 著

推薦序（一）

我與作者（人稱「仇Sir」）相識已經30多年，曾多次與他在不同院所的工作崗位共事，並肩合作，一同處理監獄運作及管理在囚人士。仇Sir擁有良好的溝通技巧，不但是我的好夥伴，更是我的良師益友。

仇Sir對工作充滿熱誠，並曾於部門4大主要範疇（行動處、更生事務處、人力資源處及服務質素處）中，擔任不同的重要崗位，故熟悉各處的工作規例和程序。他處事公正、勇於承擔、善於排難解紛，深得不同職級同事的敬佩。更為人幽默，善談、敢言、記憶力強及表達能力高。

仇Sir在退休前，更被委以重任，調回懲教署（行動處），全力帶領機電工程署及合約承辦商，成功為部門設計出一套可靠高效率及保安嚴格的無線電通訊系統「新集群無線電通訊系統」（TETRA System）。新系統覆蓋29個懲教院所和設備，並大大提升工作效率和靈活性，有效加強懲教院所和設施的保安及看管在囚人士的工作。

隨著新系統正式運作，懲教署的無線電通訊已邁進另一新紀元，系統能協助員工更有效履行日常職務。當我閱讀完他的著作後，發現內容精闢、深入淺出、資料豐富。憑著仇Sir的閱歷及經驗，本書適合有意投身懲教工作的年青人，是一本最必讀的實用指南。

薛少棠
前總懲教主任

推薦序（二）

作者是本人多年的好友，一直為懲教署工作，曾服務於不同的懲教院所。我們都是在懲教署總部退休，作為部門總部的管理班子，往往要面對外界對懲教工作，無時無刻的挑戰。

作者在行動處工作，對部門各層面的行政工作及院所運作，非常熟悉。在職員訓練院工作時，亦是一為優秀的教官，致力於訓練課程的設計和招聘工作，為訓練院給予很多貢獻。在更生事務工作中，我們都是註冊社工，一同為更生人士提供服務。他對工作一直充滿熱誠，退休後，他重投教學工作，擔任毅進文憑課程指導老師，積極栽培有志投身懲教工作的年輕人。我們抱著同一理念，繼續希望為社會盡一點力，一同加入「商界助更生委員會」及「香港睦群助更生協會」等慈善組織，目的是喚起社會各階層，幫助在囚人士，給更生人士一個機會，改過後重投社會，重新開始新的生活。

我衷心的恭賀他能完成一本為有意投考懲教工作的考生編寫的工具書，它能為讀者提供多方面的寶貴資料，是非常值得參考的書籍。

王祖興

香港退休公務員會副主席

推薦序（三）

作者前總懲教主任仇志明先生在過去數年，一直在工聯會職業再訓練中心擔任兼職導師。在懲教署退休後，其熱心教育工作，為工聯會籌劃及編寫相關課程內容。最近得悉作者希望為有志投考懲教署「二級懲教助理」的人士，編寫投考程序資訊及準備心得，令考生在試前作好準備。此外，亦可從另一角度探討懲教署最新發展中的智慧監獄概念、不同的更生計劃、部門為在囚人士設計的「罪犯風險與更生需要評估及管理程序」等。

憑藉作者在懲教署的豐富閱歷及實戰經驗，相信此書能為有志投考懲教署的人士，明白部門的知識及運作模式，亦可掌握懲教事業的演變及進程。

適逢懲教署踏入100週年紀念，作者仇志明先生的著作，亦冀望秉承「懲與教」的理念，延續為在囚人士重投社會，令懲教署能完成重要的職能，讓社會明白懲教工作的抱負，「成為國際推崇的懲教機構，使香港成為全球最安全的都會之一」。

黃智美博士
工聯會職業再訓練中心副總幹事

給應聘者的【金石良言】

這本書給讀者介紹了當代人力資源管理體系中有關招聘人才的相關問題。最重要的是這本好書特別適合那些希望在一個對社會有積極影響的可持續組織尋找職業的求職者。這個組織就是香港特別行政區屬下的懲教署。

作為特區政府的其中一個重要職能部門，懲教署致力成為一個強大和負責任的公共組織，多年來懲教署一直致力於實現其抱負、任命及價值觀，並一直在其人才隊伍中注入新血來實現其組織整體目標。在這本書中作者向讀者介紹了懲教署的最新部門發展和招聘策略。

顯然，懲教署的招聘策略包含了嚴謹而全面的評核流程；這些流程旨在物色適合懲教署這一支紀律部隊的招聘職級的人選。作為一支紀律部隊的中堅力量，這些被評定為招聘職級的人才，有望成為懲教署的寶貴資產，並能為懲教署的整體發展作出貢獻。

在勞動人口中，總有大量求職者實際上是在追尋職業，而不是單純地尋找工作。事實上，尋找工作已不是容易，如果是要追求理想的職業，有時甚至更難。一份理想的工作，應該讓你有機會運用你的技能和知識，同時幫助你在個人和職業上成長，最後成為你的終生職業。如果你想在職業生涯中的每一天都感受到鼓舞和驅動力，你應該首先通過招聘程序，從而得到一份可供你發展成為職業的工作。

這本書讓您深入了解，通過招聘程序的準備要訣，作者一絲不苟地為您提供作為招聘方及應聘者的寶貴建議。當你對將要加入的組織有充分了解時，你應該能夠自信地克服所有評估任務，讓你成為你目標僱主組織

的一名成員。

近年來，人們對待「職業規劃」的心態，發生了巨大轉變。傳統上組織招聘時，只要確保員工具備實現組織整體目標的技能。然而，現在員工們主張，他們也應該對自己的職業發展負責。這種轉變，改變了組織處理職業規劃的方式，就是挑選最合適的應聘者加入，同時為他們提供一個恰當的職業發展平台。如今，職業規劃被視為僱主與員工的一種夥伴關係，它也是一個組織吸收和挽留人才的關鍵戰略組成部分。一個組織除非將「職業規劃」作為其文化的基本組織部分，否則許多應聘者是不會考慮受聘於該組織。「職業規劃」應該從組織和員工的角度來考慮，這一切考慮皆是從招聘開始的。

本書的作者，真心希望為求職者提供應聘建議，讓這個世界變得更美好，並為此做出貢獻。他認為一個完整的招聘體系，可以在尚未開發的人力資源市場上，識別出最合適的求職者，同時社會亦應向求職者提供處理招聘流程的基本知識和技能。在這本書中作者扮演了一個專業的職業教練的角色，他不單為你解難，也助你應考，更協助你更好地找到你的職業目標。

我強力推薦這本工具書給正在進行「職業規劃」的求職者。記住：人生的職業道路上，每每可能出現日後晉升又或橫向調動，但是這些變化未出現時，首要的一步是通過招聘這一關，才可以得到更好的職業發展機會。因此，在招聘流程中，你必先要展示本身的能力及潛質，最終才能在一個可持續發展的組織中展開自己的職業生涯。

仇志成

教授 、博導

香港可持續發展教育學院教務長

香港聯合國教科文組織協會協理副會長

自序

投身懲教署成為「二級懲教助理」是不少年輕人的目標，「二級懲教助理」不單是一份職業，更是使命和承擔，協助在囚人士重回正軌，從而貢獻社會。懲教署的「二級懲教助理」職位提供理想待遇和福利，包括免費醫療，公積金計劃，及自願性供款的強積金。成功獲聘的「二級懲教助理」，在23週訓練期間，會獲全數支薪。在部門工作年資越長，部門累進供款率可達至每月薪金的25%，另加紀律部隊人員的（特別紀律部隊供款），供款率為現時基本薪金的2.5%的水平，完善的保障制度已達至高水平。

部門自2018年起，已實施全年招募「二級懲教助理」的職位，每年均吸引不少投考者，而懲教署設有一套嚴謹的招募程序，以挑選及評核合適人才。遴選流程則主要包括初步遴選、小組面試和最後面試階段等；當中包括測試投考者的自信心、觀察力、判斷力、表達能力、溝通技巧、分析能力、資源管理及服務社群的決心。

本人於懲教署服務超過32年，曾出任不同崗位，包括協助管理懲教院所、職員訓練院、懲教署總部行動處、更生事務處；亦曾在職員訓練院擔任教官。作為懲教署的高級職員，對於署方的招募流程、院所運作、督導及管理技巧，有著廣泛而深厚的基礎及認知。冀能透過這本書，為讀者解讀不同的招募程序和工作規例，為投考者提供豐富的懲教知識。

適逢2018年，行政長官在施政報告中提出以「創新科技」提升執法機構的能力，包括發展「智慧監獄」。懲教署已陸續落實「智慧監獄」的一系列計劃，進行探討及研究，目標為建構一個綜合及「可持續發展的懲教制度」。透過整合運作及科技系統，以匯集數據進行分析，並應用

分析結果，於政策規劃及懲教設施管理中，使各項決策皆達到更佳的效果，並使懲教制度持續發展，有關項目已在「部門發展策略」中實行，落實「智慧監獄」計劃。

2020年亦是部門成立的100週年，為了持續發展並提供更多原動力，正需招募大量具備潛質的人才，令有志者得到發展良好事業的機會。

本人於懲教署退休後，一直投身意義深遠的教育工作，當中擔任「聯合國教科文組織」香港可持續發展教育學院講師，協助香港提倡聯合國於2015年訂立的全球17個可持續發展目標，並教授資歷架構認可的碩士課程，以及為著名英國大學及香港大學「專業進修學院」（HKU SPACE）擔任兼職大學課程的講師。

此外，在「懲教學」的學術範疇裡，一直為多間提供毅進文憑課程的學院，教授及編寫「懲教實務、遴選資訊、危機處理」的核心課程教案，同時安排學員到不同的監獄及院所設施進行探訪，為學員投身懲教工作作出準備，迎接未來的挑戰。

本書綜合我多年來擔任「懲教實務毅進文憑課程」導師的培訓經驗編寫，冀能為讀者提供一系列投考「二級懲教助理」遴選程序中，必須知悉的懲教實務知識，從而提升競爭力，亦加深讀者對獨特的懲教署工作認知。

最後，在此勉勵有志投身懲教署的申請人要把握機會，開拓實現「傳承懲與教，社區建共融」的目標，在懲教工作中一展所長。

緊記：機會是留給有準備的人。

仇志明
前總懲教主任（懲教行動）
香港科技專上書院「懲教實務毅進文憑課程」導師

Chapter 01 ▓認識懲教署

Chapter 02 ▓投考必備攻略

Chapter 03 ▇懲教署重要資料

Chapter 01
認識懲教署

懲教署歷史

香港懲教服務歷史悠久，可以追溯至1841年。當年，香港第一所監獄：域多利監獄設立，並由當時負責管理警隊和監獄的總裁判官管轄。

1920年，監獄脫離警隊管理，並由監獄事務監督掌管，成為獨立機關。

監獄署在1982年，正式易名為「懲教署」，以反映不斷擴展的工作範疇，以及對罪犯更生的重視。

作為香港刑事司法體系重要的一環，懲教署是根據香港法例第234章《監獄條例》履行職責。懲教署以安全、穩妥、合適而人道的環境羈押交由該署監管的人士，並提供全面的更生服務，幫助他們重返社會，成為奉公守法的市民。全賴懲教署人員盡忠職守，不辭勞苦，香港的懲教制度備受國際推舉，並對罪犯的改造及更生日益重視。

懲教署的抱負、任務及價值觀

1. 抱負

成為國際推崇的懲教機構,使香港為全球最安全的都會之一。

2. 任務

為保障公眾安全和防止罪案以締造美好香港,署方致力:

· 確保羈管環境穩妥、安全、人道、合適和健康

· 與各界持份者攜手創造更生機會

· 通過社區教育提倡守法和共融觀念

3. 價值觀

· **秉持誠信:**持守高度誠信及正直的標準,秉承懲教精神,勇於承擔責任,以服務社會為榮。

· **專業精神:**全力以赴,善用資源,提供成效卓越的懲教服務,以維護社會安全和推展更生工作。

· **以人為本:**重視每個人的尊嚴,以公正持平及體諒的態度處事待人。

· **嚴守紀律:**恪守法治,重視秩序,崇尚和諧。

· **堅毅不屈:**以堅毅無畏的精神面對挑戰,時刻緊守崗位,履行服務社會的承諾。

懲教署組織架構

1. 簡介

懲教署由懲教署署長領導,屬下有一名副署長。副署長之下有4名助理署長、1名政務秘書(文職職位)、2名懲教事務總監督,以及1名總經理(工業及職業訓練),均屬首長級人員。

懲教署設有4個處,分別負責特定的工作範疇:

a. 行動處

負責管理29間懲教設施,包括:16所懲教院所、4所更生中心、3所戒毒所、3所中途宿舍、2間設於公立醫院的羈留病房,及1所精神病治療中心。

b. 服務質素處

該處專責執行條例、規則及規例;分別包括:審核及保安組、管理事務及研究組、投訴調查組、反恐專責組及智慧監獄方案組,取締懲教院所內的非法活動(例如打擊囚犯的賭博活動和阻截毒品),以及調查投訴,並因應全球恐怖主義活動及形勢,加強同事的反恐知識,以配合懲教署的反恐工作策略。智慧監獄方案組,專責執行規劃及統籌智慧監獄發展項目的工作。

c. 更生事務處

負責協調更生服務（判前評估、罪犯風險與更生需要評估及管理程序、福利及輔導、心理服務、教育及職業訓練等）及促進社區對更生人士的支援。

d. 人力資源處

負責管理部門的人力資源，實施策略性人力資源發展計劃，配合部門持續發展藍圖，建立一支具誠信的專業團隊，迎接未來挑戰。

2. 部門架構圖

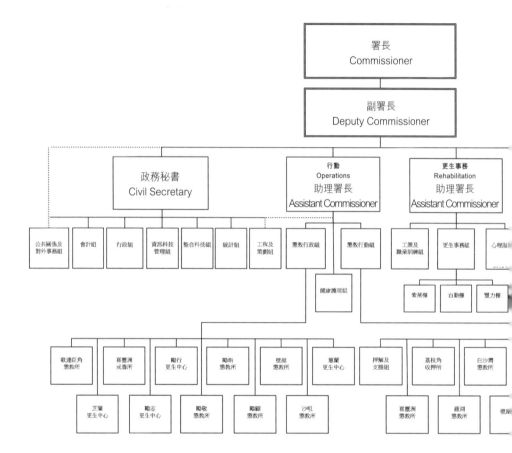

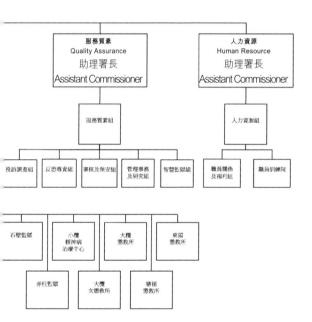

3. 階級與徽章
懲教署階級及徽章

懲教署署長

懲教署副署長

懲教署助理署長

懲教事務總監督

懲教事務高級監督

懲教事務監督

總懲教主任

高級懲教主任

懲教主任

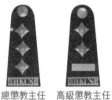
懲教主任（試用期）

一級懲教助理

二級懲教助理

工藝導師

工藝教導員

4. 職級

a. 懲教職系

	中文名稱	簡稱	英文名稱
首長級	懲教署署長	C	Commissioner of Correctional Services
	懲教署副署長	DC	Deputy Commissioner of Correctional Services
	懲教署助理署長	AC	Assistant Commissioner of Correctional Services
監督	懲教事務總監督	CS	Chief Superintendent
	懲教事務高級監督	SS	Senior Superintendent
	懲教事務監督	S	Superintendent
主任級	總懲教主任	CO	Chief Officer
	高級懲教主任	PO	Principal Officer
	懲教主任	O	Officer
員佐級	一級懲教助理	AO I	Assistant Officer I
	二級懲教助理	AO II	Assistant Officer II

b. 工業及職訓組

	中文名稱	簡稱	英文名稱
首長級	總經理（工業及職業訓練）	GM	General Manager (Industries and Vocational Training)
監督	懲教事務監督（工業組）	S (CSI)	Superintendent (Correctional Services Industries)
主任級	總工業主任（懲教事務）	CIO	Chief Industrial Officer (Correctional Services)
	高級工業主任（懲教事務）	PIO	Principal Industrial Officer (Correctional Services)
	工業主任（懲教事務）	IO	Industrial Officer (Correctional Services)
	工藝導師（懲教事務）	TI	Technical Instructor (Correctional Services)
員佐級	工藝教導員（膳食／印刷／木工／製衣／皮革工藝／標誌製造／玻璃纖維／屋宇設備／屋宇裝修／預製混凝土／建築及保養）	I	工藝教導員是負責指導及訓練在懲教署安排的行業中工作的在囚人士。

註：

1. 懲教署工業組職系專責教導犯人職業技能及監督犯人的工作、監督生產工序，及保持產量和質素。

2. 工藝教導員職系是懲教署工業組的員佐級職系，負責監督小型工場，進行日常生產。

院所管理

1. 懲教事務

懲教署在監獄管理及協助在囚人士更生這兩個主要範疇，為成年和年輕在囚人士推行多項計劃。被判監禁的罪犯會按性別、年齡和保安類別劃分，然後送往懲教院所服刑。

不同性別的成年及年輕在囚人士，會送到不同的懲教院所。

年齡介乎14至20歲的年輕罪犯可送往教導所或更生中心。

勞教中心計劃專為年齡介乎14至24歲的男性罪犯而設。

吸毒者如被裁定觸犯可判監禁的罪行，可被送往戒毒所接受治療。

所有在囚人士的起居飲食均獲適當照顧，膳食按規定的營養價值表釐定，並因應他們的健康狀況、宗教信仰和飲食需要作出安排。

被定罪的成年人須每星期工作6天，經醫生證明健康欠佳者除外。懲教院所會根據他們的健康狀況、保安類別、個人經歷和所餘刑期等因素，分派他們到不同崗位工作。懲教署向他們發放工資，以鼓勵他們建立良好的工作習慣及學習職業技能。他們可用賺得的工資購買懲教署批准的小賣物品。

此外，他們可收看電視節目、閱讀報章和借閱書籍，也可與外界通信、接受親友探訪，以及參與宗教活動。

根據資料顯示，截至2019年12月31日，懲教署的人手編制大約有7,014名職員，負責管理28間「懲教設施」，當中包括：

a. 懲教院所：23間懲教院所，包括低度設防、中度設防、高度設防監獄、精神病治療中心、教導所、勞教中心、更生中心、戒毒所。

b. 中途宿舍：設3間中途宿舍。

c. 設於公立醫院的羈留病房：共2間。

以上3項，合共收納約7,000名在囚人士。

懲教署還提供協助更生人士重返社會的法定監管。截至2019年底，約1,200人接受監管。

2. 懲教署設施概覽

－懲教署總部

－職員訓練院

a. 懲教設施

羅湖懲教所	小欖精神病治療中心
壁屋懲教所	歌連臣角懲教所
壁屋監獄	赤柱監獄
伊利沙伯醫院羈留病房	東頭懲教所
百勤樓	白沙灣懲教所
豐力樓	瑪麗醫院羈留病房
勵行更生中心	喜靈洲懲教所
荔枝角收押所	喜靈洲戒毒所
勵敬懲教所	勵顧懲教所
芝蘭更生中心	勵新懲教所
大欖女懲教所	塘福懲教所
大欖懲教所	石壁監獄
紫荊樓	沙咀懲教所
蕙蘭更生中心	勵志更生中心

b. 無煙懲教設施

為在囚人士的身心健康著想,懲教署積極配合政府政策,推行反吸煙措施,通過教育、宣傳、輔導及戒煙課程等不同層面的工作,向在囚人士推廣無煙文化。

— 懲教署於2013年1月將「東頭懲教所」設定為首間「無煙懲教設施」;

— 懲教署再於2014年12月將「白沙灣懲教所」設定為第二間「無煙懲教設施」,只收押不吸煙成年在囚人士。

此外,懲教署也在其他院所,包括「赤柱監獄」及「羅湖懲教所」,將院所部分範圍劃為「無煙監區」。

為鼓勵並協助在囚人士戒煙,懲教署於2018年首次和香港吸煙與健康委員會合作,安排在囚人士參加該委員會與香港大學公共衞生學院及護理學院舉辦的「戒煙大贏家」無煙社區計劃。

3. 「真識食・珍惜食」計劃

懲教署注重環保及致力減少院所廚餘。懲教署於2013及2014年先後在「羅湖懲教院所」、「大欖女懲教所」、「勵顧懲教所」及「大欖懲教所」的年長在囚人士組別推出「真識食•珍惜食」計劃,推廣減少浪費、珍惜食物的文化以示支持環保,減少浪費食物及廚餘。

懲教署於2013、2015及2017年分別引入廚餘機,在「羅湖懲教所」、「赤柱監獄」及「大欖女懲教所」將剩餘食物轉化為有用的有機肥料。

4. 在囚人口

a. 成年男性在囚人士

— 懲教署轄下有9間懲教院所,專門收納成年男性在囚人士。

(1) 高度設防監獄

— 荔枝角收押所:收押候審的在囚人士,以及剛被定罪而仍須等候歸類, 編入適當懲教院所的在囚人士。

— 赤柱監獄:本港最大的高度設防監獄,囚禁被判終身監禁或較長刑期的 在囚人士。

— 石壁監獄:另一間高度設防監獄,專門囚禁被判中等至較長刑期的在囚 人士,包括終身監禁人士。

(2) 中度設防監獄

— 塘福懲教所、喜靈洲懲教所和白沙灣懲教所:均為囚禁成年男性在囚人 士而設。

(3) 低度設防監獄

— 東頭懲教所、壁屋監獄及大欖懲教所:三者均為低度設防監獄。

— 大欖懲教所:收納年老、低保安風險的在囚人士(一般指超過65歲者) 。

b. 成年女性在囚人士

懲教署設有2間懲教院所收納成年女性在囚人士:

— 大欖女懲教所:一間高度設防院所,用作收押和囚禁成年女性在囚人士。

— 羅湖懲教所:本港最新的懲教院所,設有一個低度設防及兩個中度設防 監區以囚禁成年女性在囚人士。

c. 青少年男性在囚人士

— 壁屋懲教所：高度設防院所，用作收押候審及被定罪的青少年在囚人士。

— 歌連臣角懲教所：專為14歲起但不足21歲的年輕在囚人士而設的教導所。被判入教導所的青少年在囚人士訓練期最短為6個月，最長為3年，獲釋後必須接受為期3年的法定監管。以上青少年在囚人士須參加一個半日上課和半日接受職業訓練的計劃。

— 沙咀懲教所：為一所低度設防院所，用作收納勞教中心受訓生。勞教中心著重嚴格紀律、勤勞工作和心理輔導。14歲起但不足21歲的受訓生在中心的羈留期限由一個月至六個月不等，而21歲起但不足25歲的受訓生，則由三個月至12個月不等。他們於獲釋後均須接受12個月的監管。

— 勵志更生中心和勵行更生中心：為男青少年在囚人士而設，合計入住期由3至9個月不等。「更生中心計劃」著重改造青少年在囚人士，他們獲釋後須接受1年的監管。

d. 青少年女性在囚人士

— 勵敬懲教所：一間低度設防院所，用作14歲起但不足21歲青少年女性在囚人士的收押中心、教導所、戒毒所及監獄。

— 芝蘭更生中心、蕙蘭更生中心：根據「更生中心計劃」收納女青少年在囚人士。

5. 戒毒治療

懲教署施行強迫戒毒計劃,為已定罪的吸毒者提供治療。法庭倘不擬判吸毒者入獄,可判他們入戒毒所接受治療:

－喜靈洲戒毒所:收納成年男性戒毒者

－勵新懲教所:收納成年及年輕男性戒毒者

－勵顧懲教所、勵敬懲教所:分別收納成年及年輕女性戒毒者

戒毒者須接受戒毒計劃治療,為期2個月至12個月不等。計劃以紀律及戶外體力活動為基礎,強調工作及治療並重。

戒毒者獲釋後,還須接受為期1年的法定監管。

6. 精神評估及治療

－ 精神失常的刑事罪犯及危險兇暴的罪犯均在「小欖精神病治療中心」接受治療。

－ 根據《精神健康條例》被判刑及須接受精神評估或治療的在囚人士會被囚禁於該中心。

－ 定期到訪該中心的醫院管理局精神科醫生會為法庭評估在囚人士的精神狀況。

－ 該中心收納的男性和女性在囚人士均會被分開囚禁。

7. 工業及職業訓練組

— 懲教署安排已判刑的在囚人士從事有意義的工作，讓他們培養良好的工作習慣和責任感，使他們遵循一個有秩序和規律的生活作業模式，從而協助維持監獄穩定。

— 轄下的「工業及職業訓練組」秉持更生為本的方針，通過提供職業訓練及工業生產的技能訓練，提高在囚人士的就業能力，以協助他們重投社會，能盡早適應。

— 在2019年，平均每日有4,132名在囚人士從事生產工作，以具成本效益的方式為公營機構提供各類產品及服務。

— 產品有辦公室家具、職員制服、醫院被服、皮革製品、過濾口罩、玻璃纖維製品，以及基建工程所需的交通標誌、鐵欄杆和路邊石壆等。

— 在囚人士並為醫院管理局、衞生署和消防處提供洗熨服務，為公共圖書館裝訂書籍，也為政府部門提供印刷服務和製造文件夾、信封等。這些貨品和服務的總市值為4.69億元。

— 懲教署為青少年及成年在囚人士安排具社會認可及市場導向的多元化職業訓練課程，以提高他們將來的就業能力，有助重返社會。

— 懲教署為青少年在囚人士提供：半日強制性的資訊科技、工商及服務行業課程。這些課程理論與實踐並重，有助他們獲釋後接受進一步的職業訓練。

— 懲教署亦為成年在囚人士提供自願釋前職業訓練，包括全日制及部分時間制的職業訓練課程。

— 此外，被定罪的成年在囚人士透過參與工業生產，可獲得行業的技能訓練。如情況合適，懲教署會安排他們參加職業訓練機構的相關工藝測試，或通過向資歷架構申請參加過往資歷認可計劃，以取得職業技能認可資格。

8. 法定監管

懲教署為青少年在囚人士及從「教導所」、「勞教中心」、「更生中心」和「戒毒所」獲釋的更生人士,以及根據「監管下釋放計劃」、「釋前就業計劃」、「監管釋囚計劃」、「有條件釋放計劃」及「釋後監管計劃」釋放的更生人士提供法定監管,以確保他們繼續得到照顧和指導。

監管人員與在囚人士的家人緊密聯繫,有助在囚人士與其家人培養良好的關係,並協助他們做好準備,以應付日後重返社會可能面對的考驗及需要。

監管人員會定期與在囚人士接觸,而在他們獲釋後,監管人員會經常前往他們的居所或工作地點探訪,予以密切 的監管和輔導。

懲教署設有3間「中途宿舍」,分位於:

− 龍欣道的「豐力樓」,主要收納從勞教中心、教導所和戒毒所釋放的年輕男性受監管者;

− 另外是附設於豐力樓的「百勤樓」,主要收納根據「監管下釋放計劃」、「釋前就業計劃」和「有條件釋放計劃」釋放的男性在囚人士、來自戒毒所的男受監管者及根據「監管釋囚計劃」釋放而有住屋需要的男受監管者;

− 位於大欖涌的「紫荊樓」則收納根據「監管下釋放計劃」、「釋前就業計劃」和「有條件釋放計劃」釋放的女性在囚人士及來自教導所和戒毒所的女受監管者。

中途宿舍可協助受監管者在離開懲教院所後,逐步適應社會生活。

法定監管的成功率,以法定監管期內沒有再被法庭定罪的更生人士所佔百分率計算。就戒毒者而言,更須在該期間內不再吸毒。

於2019年,各類懲教院所及監管計劃的成功率和數據分別如下:

－勞教中心：100%

－教導所：77%

－戒毒所：57%

－更生中心：100%

－監獄計劃下的青少年在囚人士：94%

－監管下釋放計劃：95%

－釋前就業計劃：100%

－釋後監管計劃：100%

－有條件釋放計劃：100%

－監管釋囚計劃：94%

－在2019年內監管期滿的男受監管者：967人

－在2019年內監管期滿的女受監管者：207人

－在2019年底仍接受監管的男受監管者：996人

－在2019年底仍接受監管的女受監管者：231人

9. 教育

－ 懲教署為青少年在囚人士提供半日制強制性普通科和實用科目課程，提升他們的學歷水平，有助他們日後重返社會。

－ 懲教署鼓勵在囚人士參加多項本地及國際認可的公開考試。

－ 懲教署亦鼓勵成年在囚人士自願參加各種自學或遙距專上課程，以善用各認可教育機構的資源。

10. 職業訓練

— 懲教署為幫助在囚人士重投社會，成為奉公守法的市民，懲教署設有半日制職業訓練課程，為未滿21歲的青少年在囚人士提供訓練，讓他們學習就業技能，考取認可資格，並養成良好的工作習慣。

— 懲教署為自願接受職業訓練的合資格成年在囚人士提供釋前培訓。

— 目前，共有18所懲教設施提供全日制及部分時間制職業訓練課程。

11. 巡獄太平紳士

— 兩名巡獄太平紳士每隔2星期或1個月共同巡視每所懲教院所，相隔時間視乎院所類別而定。

— 巡獄太平紳士須履行相關的法定任務，包括調查在囚人士向他們提出的投訴、視察膳食，以及巡視懲教院所內的建築和住宿設施。

— 太平紳士須在指定期間內巡視懲教院所，但確實日期和時間則自行決定，事前不必知會有關院所。

設施類別

1. 按性別劃分

a. 男性

b. 女性

c. 男性及女性（分開囚禁）

2. 按年齡劃分

a. 任何年齡

b. 成年犯人（21歲或以上）

c. 年輕犯人（14至20 歲）

3. 按保安等級劃分

a. 高度設防

b. 中度設防

c. 低度設防

4. 其他分類

a. 更生中心

b. 中途宿舍

c. 羈留病房

荔枝角收押所

設施資料（28 所懲教設施）

1. 按區域劃分
a. 香港島（5間）
歌連臣角懲教所、白沙灣懲教所、瑪麗醫院羈留病房、赤柱監獄、東頭懲教所

b. 九龍區（5間）
荔枝角收押所、勵行更生中心、豐力樓、百勤樓、伊利沙伯醫院羈留病房

c. 新界區（10間）
紫荊樓、芝蘭更生中心、勵敬懲教所、羅湖懲教所、壁屋懲教所、壁屋監獄、小欖精神病治療中心、大欖女懲教所、大欖懲教所、蕙蘭更生中心

d. 大嶼山（4間）
勵志更生中心、沙咀懲教所、石壁監獄、塘福懲教所

e. 喜靈洲（4間）
喜靈洲懲教所、喜靈洲戒毒所、勵新懲教所、勵顧懲教所

表列分佈圖

區域	懲教設施	數目
香港島	歌連臣角懲教所、白沙灣懲教所、瑪麗醫院羈留病房、赤柱監獄、東頭懲教所	5
九龍區	荔枝角收押所、勵行更生中心、豐力樓、百勤樓、伊利沙伯醫院羈留病房	5
新界區	紫荊樓、芝蘭更生中心、勵敬懲教所、羅湖懲教所、壁屋懲教所、壁屋監獄、小欖精神病治療中心、大欖女懲教所、大欖懲教所、蕙蘭更生中心	10
大嶼山	勵志更生中心、沙咀懲教所、石壁監獄、塘福懲教所	4
喜靈洲	喜靈洲懲教所、喜靈洲戒毒所、勵新懲教所、勵顧懲教所	4

2. 按設施類型劃分

區域	懲教設施	數目
監獄	喜靈洲戒毒所、荔枝角收押所、勵敬懲教所、羅湖懲教所、白沙灣懲教所、壁屋懲教所、壁屋監獄、石壁監獄、赤柱監獄、大欖女懲教所、大欖懲教所、塘福懲教所、東頭懲教所	14
戒毒所	喜靈洲戒毒所、勵新懲教所、勵顧懲教所	3
教導所	歌連臣角懲教所	1
勞教中心	沙咀懲教所	1
更生中心	勵志更生中心、勵行更生中心、芝蘭更生中心、蕙蘭更生中心	4
中途宿舍	豐力樓、百勤樓、紫荊樓	3
羈留病房 *	瑪麗醫院羈留病房、伊利沙伯醫院羈留病房	2
精神病治療中心	小欖精神病治療中心	1

*設於公立醫院

作者帶領香港科技專上書院（HKIT）「懲教實務毅進文憑課程」的學員，
參觀喜靈洲院所設施。

作者帶領香港科技專上書院（HKIT）「懲教實務 毅進文憑課程」的學員，
參觀勵新懲教所。

羅湖懲教所

「羅湖懲教所」位於新界上水河上鄉路,發展計劃是於2007年4月展開,斥資15億元重建,於2010年7月2日啟用,為全港最大的女性囚犯收容所,合共收容1,400名女性成年犯人名額(比起舊的羅湖懲教所,提供多1,218個名額)。

1. 各區功能

「羅湖懲教所」採取懲教事務管理模式,強調以人為本、著重環保、關心社會的策略。入面分為「主翼」、「東翼」及「西翼」3個監區,當中:

- 「主翼」是1所低度設防監獄(共600個名額)
- 「東翼」及「西翼」是2所中度設防監獄(各有400個名額),用以囚禁成年的女性犯人

2. 協助女性囚犯更生的設施

「羅湖懲教所」是按其特別用途興建,院所設有各類協助女性囚犯更生的設施,當中包括:

- 多媒體教育中心
- 職業訓練工場
- 康樂設施
- 多用途室
- 育嬰室(提供20個床位,讓在獄中生育的女囚犯,親自照顧嬰兒直至小孩3歲)

- 親子中心（容許女囚犯申請與6歲或以下的子女共處，建立親子關係）
- 心理輔導室（名為「健心館」，是由心理專家為女囚犯提供心理輔導服務，解決有關情緒之問題）

上述設施可以為在囚的女性囚犯，提供更佳的更生服務，例如開辦職業訓練班、各類教育課程及興趣班等。

3. 全港首個環保監獄

「羅湖懲教所」，亦為全港首個環保監獄，當中設有行人天橋連接至各綜合大樓，集中安排犯人日常生活及更生輔導等服務，新建築亦裝置多項環保設施，包括：

- 太陽能發電熱水系統
- 污水循環再用系統（以生物分解方式處理污水作沖廁之用）
- 綠色天台（其中3座大樓的天台種有鋪地植物或草坪，以增加綠化面積及減低大樓內的室內溫度）

4. 高科技設施

「羅湖懲教所」設計完全融入科技設施，並且充份利用電子保安系統輔助懲教署人員執行日常管理及運作，院所內總共設有1,600個鎖，而其中380個是電子鎖，保安非常嚴密。

囚倉及多處地方更設閉路電視，並採用互相連結的監察系統及無線電通訊系統，能夠提高保安效率及內部溝通。

懲教署職員當值室設於囚倉正中間，職員除了可以利用閉路電視進行監察，閉路電視系統亦連接至中央控制室，會24小時不斷錄影。

此外，職員更可以透過3面玻璃監察各個囚倉的環境。如有警鐘響起，電腦

系統會即時顯示響鐘位置，懲教人員可即時前往有關地點作出跟進。

5. 羅湖懲教所小知識

— 榮獲2010年環保建築大獎（新建築類別——香港——社區設施）及2010年建築署周年大獎。

— 首個大規模引入環保和可持續發展概念的懲教所重建工程項目。

— 首個在沒有空調設備的居住空間上建設綠化天台的懲教所。

— 首次採用中央化的建築佈局，把三個獨立監區連貫起來，增加管理效率之餘，亦方便各監區之間共享設施（例如採用中央廚房），更有效地善用資源。

— 其他環保概念包括：冷空氣槽及捕風塔、保安走廊、太陽能發電系統、太陽能熱水裝置、建築預製組件等。

— 首個懲教所設有污水淨化及循環再用設施，以供應作沖廁之用。

羅湖懲教所　　　　　　　　　羅湖懲教所大堂

Chapter **02**
投考必備攻略

二級懲教助理──入職與薪酬

1. 入職條件與薪酬

二級懲教助理的起薪點，須視乎學歷而定：

a. 入職條件及起薪點

I	(i) 在香港中學文憑考試五科考獲第2級或同等（註a）或以上成績（註b），或具同等學歷；或(ii) 在香港中學會考五科考獲第2級（註c）／E級或以上成績（註b），或具同等學歷；或為	起薪點：4（$ 22,405）
II	(i) 在香港中學文憑考試三科考獲第2級或同等（註a）或以上成績（註b），或具同等學歷；或(ii) 在香港中學會考三科考獲第2級（註c）／E級或以上成績（註b），或具同等學歷；或	起薪點：3（$ 21,780）
III	完成中五學業，或具同等學歷；及	起薪點：2（$ 21,150）

b. 語文能力要求

符合語文能力要求，即在香港中學文憑考試或香港中學會考中國語文科和英國語文科考獲第2級（註c）或以上成績，或具同等學歷，並能操流利粵語及英語；及

c. 體能測試

申請人必須在本測試項目取得及格成績，方會被邀請參與其後的招聘考核項目（詳情可參閱附註（d）及瀏覽懲教署網頁「招考程序」所列的資料）。

註：

（a）政府在聘任公務員時，香港中學文憑考試應用學習科目（最多計算兩科）「達標並表現優異」成績，以及其他語言科目C級成績，會被視為相等於新高中科目第3級成績；

香港中學文憑考試應用學習科目（最多計算兩科）「達標」成績，以及其他語言科目E級成績，會被視為相等於新高中科目第2級成績。

（b）有關科目可包括中國語文及英國語文科。

（c）政府在聘任公務員時，2007年前的香港中學會考中國語文科和英國語文科（課程乙）C級（04/2015）及E級成績，在行政上會分別被視為等同2007年或之後香港中學

會考中國語文科和英國語文科第3級和第2級成績。

（d）申請人可參閱懲教署互聯網站（www.csd.gov.hk）。

通過體能測試的申請人會獲邀請參加同日舉行的小組面試。

只有通過「小組面試」、「能力傾向測試」及「最後面試」的申請人才會獲考慮聘任。

（e）為提高大眾對《基本法》的認知和在社區推廣學習《基本法》的風氣，政府會測試應徵公務員職位人士的《基本法》知識。

申請人在基本法知識測試的表現會佔其整體表現的一個適當比重。

2. 聘用條款

獲取錄的申請人會按公務員試用條款受聘，試用期為3年。通過試用期限後，才可獲長期聘用條款聘用。

3. 職責

監督在囚人士、教導所／更生中心的青少年及戒毒所內的戒毒者；及執行其他指派的工作。（註：須受《監獄條例》規管、須穿著制服及輪班當值，或須接受在職訓練後從事醫院護理工作及居住在部門宿舍。）

4. 福利

二級懲教助理之福利完善，包括：

a. 可以成為懲教署職員會所會員，享用當中各項設施，包括：游泳池、網球場、兒童遊樂場、餐廳、酒吧等。

b. 可以成為「紀律部隊人員體育及康樂會」會員，享用當中各項設施，包括：游泳池、草地足球場、桑拿室、室內運動場、室內及室外兒童遊樂場、圖書館、電視室、舞蹈室、網球場、桌球室、保齡球場、電子遊戲

機室、中、西餐廳等。（紀律部隊人員體育及康樂會地址：銅鑼灣掃桿埔棉花路9號）

c. 懲教署亦設有「懲教署中央基金」、「懲教人員子女教育信託基金」、「懲教署儲蓄互助社」，以幫助職員及其家屬。

d. 各懲教院所均設有康樂室，供職員使用

e. 在適當情況下，更可獲房屋資助、有薪假期及例假、醫療及牙科診療、公務員公積金

f. 完成3年試用期後，可獲長期聘用

5. 薪級表

薪點	薪金 *	備註
29	48,395	頂薪點（一級懲教助理）
28	46,550	
27	44,760	
26	43,470	
25	42,170	
24	40,955	
23	39,900	
22	38,795	
21	37,740	
20	36,745	
19	35,760	
18	34,785	
17	33,760	
16	32,830	
15	31,910	起薪點（一級懲教助理）

薪點	薪金 *	備註
14	31,005	頂薪點（二級懲教助理）
13	30,100	
12	29,185	
11	28,295	
10	24,200	
9	26,555	
8	25,650	
7	24,775	
6	24,045	
5	23,045	
4	22,405	起薪點 I（見「入職條件」附表）
3	21,780	起薪點 II（見「入職條件」附表）
2	21,150	起薪點 III（見「入職條件」附表）
1	20,585	
1a	20,000	

*由2020年4月起

6. 訓練

新聘用的「二級懲教助理」，均須在赤柱職員訓練院接受為期共23星期的訓練，包括在各類懲教院所實習。

懲教署的職員訓練院負責策劃及舉辦各項訓練課程，向職員灌輸有關的工作知識，讓他們履行部門的任務和實踐所定的抱負及價值觀。

職員訓練院舉辦的培訓及訓練課程範圍廣泛。當中包括懲教工作知識、虛擬系統及實境訓練、戰術使用訓練及懲教院所實習等。

職員訓練院亦定期舉辦各項專業發展訓練課程，以加強職員的工作效率及促進其事業發展。如：複修課程、與職務相關的訓練課程、專業管理訓練，以及指揮訓練課程等。

職員訓練院亦繼續加強與外間培訓機構的合作，包括本地及海外大專院校和內地及海外訓練機構，並委任相關的專業人士及學者為名譽顧問。

為提升訓練的專業性，職員訓練院已註冊成為香港學術及職業資歷評審局下第四級營辦者，舉辦於香港資歷架構下認可的課程。

其中，為新入職「二級懲教助理」所舉辦的「懲教事務專業文憑（懲教助理）」於2019年成功獲香港學術及職業資歷評審局認可為「資歷架構」職業界別第四級別課程，與學術界別的副學士學位或高級文憑屬同一級別。

7. 前景及發展

現時「二級懲教助理」可以晉升為「一級懲教助理」，亦可經內部潛質人員晉升計劃晉升為「懲教主任」。

「二級懲教助理」亦可自行申請，參加「懲教主任」的晉升遴選。

8. 投考方法

「二級懲教助理」的招聘廣告已刊登於懲教署的網頁（ www. csd.gov.hk）及公務員事務局的網頁（www.csb.gov.hk），並詳細列明入職條件、職責、聘用條款、申請手續及查詢方法等等。

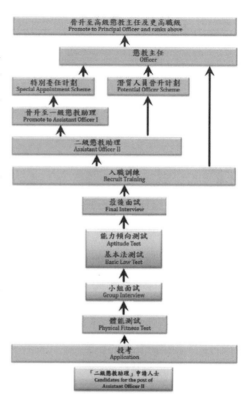

二級懲教助理 晉升階梯

有興趣的人士如符合該職位的入職條件，可根據招聘廣告上的手續作出申請。申請人於獲聘時必須是香港特別行政區永久性居民。

二級懲教助理──招聘程序概覽

1. 前言

有志投考「二級懲教助理」者，需要通過四關才能獲聘，當中包括：體能測驗、小組面試、能力傾向測試及基本法知識測試，以及最後面試。

懲教署表示，投考「二級懲教助理」者，於第一關「體能測試」已經淘汰部份投考人。因此呼籲有志投考人士切勿臨急抱佛腳，平時應勤加鍛練體能，以符合署方的體格要求。並且多關心時事新聞、部門動向，特別是與懲教署有關的新聞及背景資料，都是面試環節的熱門話題，從而展現出對懲教署工作充滿熱誠，為投考做足準備，才可增加獲取錄的機會。

由於懲教人員角色獨特，需要在工作上同時擔任「社會的守護者和更生的領航員」，透過執行這些非一般的任務，協助在囚人士改過和爭取社會大眾對更生人士的支持，減低他們重犯的風險，讓香港更加安定繁榮。

而在囚人士在服刑期間，懲教署會為他們提供市場導向的職業訓練，和為適學的青少年在囚人士及有興趣的成年在囚人士提供教育，希望提升他們離開院所後的競爭能力，使他們更容易重投社會。此外，亦會為有需要的在囚人士提供心理輔導服務和離開院所後的輔導跟進服務。

獲得取錄的「二級懲教助理」須於職員訓練院接受23星期的留宿訓練。入職訓練課程包括學習香港法律、規例、及工作守則、懲教學、犯罪學、心理學、處境訓練、體能訓練、步操訓練、武器及槍械使用、領導及信心訓練、急救常識、緊急應變策略等。

有志投考「二級懲教助理」人士應瀏覽懲教署網頁，並且進一步查閱投考「二級懲教助理」的入職要求和其他詳細資料。

2. 確認申請

由2018年開始，「二級懲教助理」職位轉為全年均接受申請的公務員空缺。申請人可於公務員事務局互聯網站作網上申請，又或者郵寄申請書至懲教署總部聘任分組。

申請人於公務員事務局互聯網站作網上申請後，會隨即收到類似以下格式的系統確認申請電郵：

香港特別行政區政府職位網上申請系統確認已收到你的申請，並將安排把你的資料轉送有關的招聘職系/部門。你的網上申請編號詳列如下：

網上申請編號：xxxxxx

申請之職位名稱：二級懲教助理

申請之職位編號：xxxxxx

部門名稱：懲教署

部門地址：灣仔港灣道12號灣仔政府大樓23樓懲教署總部聘任分組

查詢電話號碼：2582 2085

電郵地址：appointments@csd.gov.hk

日後與招聘職系/部門聯絡時，請引述你的網上申請編號。

你可於職位截止申請日期或之前，使用你的身分證號碼或護照/旅行證件號碼、電郵地址及個人身分識別碼（輸入個人身分識別碼時，有關字母的大小寫必須相同。）查詢或更改你在申請書內所提交的資料，或於職位截止申請日期或之前遞交補充資料兩次。

提交申請書後，如果你需要更改或查詢個人資料，或查詢與招聘有關的事宜，請與上述招聘職系/部門聯絡。

請保留你所申請每份職位的招聘廣告副本一份，以備日後參考。此外，請確保你已向招聘職系/部門提供所需的所有資料和文件。

如申請獲進一步考慮,你將接獲招聘職系/部門的通知。

本電郵(連同附加檔案)只供指定收件人閱讀,內容可能包括只有指定收件人才有權接收的資料。如本電郵並非是發給你,你不得使用、保留、披露、複製、列印、轉發或發放本電郵。如因錯誤致令你收到本電郵,請從你的電腦系統中刪除本電郵的所有複本(包括附加檔案),並立即通知發件人。

3. 五大面試測試項目

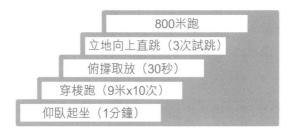

a. 體能測試

二級懲教助理職位申請人的體能測試,將於懲教署職員訓練院舉行。

— 懲教署會用電郵邀請申請人出席體能測試。

— 有關電郵將於測試日前至少兩星期發給有關申請人。

— 申請人必須按邀請電郵列明的日期及時間出席該測試。

- 如申請人缺席體能測試，其申請將作放棄論。

- 懲教署會即時終止處理其是次二級懲教助理職位申請而不會另行通知。

- 假如天文台在早上7時正懸掛8號或以上熱帶氣旋警告信號及/或發出黑色
  暴雨警告，當日所有體能測試將會延期舉行。懲教署將儘快通知有關申
  請人新訂的測試日期及相應安排。

懲教署會用以下電郵邀請申請人出席「體能測試及小組面試」：

主旨：懲教署「二級懲教助理」招聘 體能測試

請注意，此電郵只用作通知考生有關測試安排

二級懲教助理招聘測試

考生編號：xxxxx

考生姓名：陳大文

關於你申請二級懲教助理職位一事，請依照下述日期、時間及地點出席
體能測試：

體能測試

日期：xxxx年xx月xx日

時間：x時x分

地點：赤柱東頭灣道47號懲教署職員訓練院

回覆：請於x月x日或之前，回覆電郵，以表示會否出席。

請攜同下列物品，於指定的體能測試時段開始前30分鐘到達上述地點：

i. 本電郵的列印本；

ii. 你的香港身份證；

iii. 已填妥的自承責任聲明書（見附件）；及

iv. 短袖T裇、短褲、短襪及膠底運動鞋。

（此衣著要求只適用於體能測試，並不適用於同日舉行的小組面試）

體能測試的內容已上載至本署的網頁，以供參閱。請不時瀏覽有關網頁以獲取最新消息。

完成體能測試後，你須簽署確認你已核對並同意你的測試結果。其後提出的上訴要求不會獲得受理。如你未能通過或缺席體能測試，你的職位申請將作不成功論。本署會即時終止處理你是次的申請而不會另行通知。

另一方面，如你通過體能測試，你將會獲得邀請出席於同一日舉行的小組面試（出席小組面試考生的衣著必須端莊得體）。小組面試的內容已上載至本署的網頁，以供參閱。

一般而言，在3號或以下颱風信號、及/或紅色或黃色暴雨警告生效時，上述安排將如期舉行。假如天文台在早上7時正懸掛8號或以上熱帶氣旋警告信號及/或發出黑色暴雨警告，當日所有安排將會延期舉行。在此情況下，本署將另行通知有關考生新訂的安排。如有緊急情況而需要與職員訓練院聯絡，請致電2899-1800。

請注意，你現獲邀參加體能測試、示範及練習環節項目並不表示你符合上述職位的入職條件。本署仍須進一步確認你的學歷。如你在最後面試當日未曾達到既定的入職條件，不論你在各招考程序中的成績及表現如何，你都不會獲得聘用。通過小組面試的考生將另外收到電郵邀請參加下一個測試/面試（即能力傾向測試、基本法測試及最後面試。此三項測試/面試將於另一天同日舉行。）

如有查詢，請於辦公時間內致電2582-2085。

電郵附件：懲教署二級懲教助理招聘體能測試「自承責任聲明書」

（考生出席體能測試當日，緊記從電郵下載並填妥「自承責任聲明書」，見右圖）

b. 小組面試

二級懲教助理職位申請人的小組面試會於懲教署職員訓練院舉行。

- 面試長約15至20分鐘，每組7至10人。

- 討論題目主要圍繞時事新聞或社會議題，由投考者自由發揮進行討論。

- 期間四名考官會從旁觀察，並就各人在討論過程中的表現，評核他們的溝通、表達、分析及處理壓力等能力。

- 通過體能測試的申請人，將即時獲發信，邀請出席於同日舉行的「小組面試」。

- 有關申請人必須按邀請信內列明的日期及時間出席該面試。

- 如申請人缺席「小組面試」，其申請將作放棄論。懲教署會即時終止處理其是次「二級懲教助理」職位申請而不會另行通知。

- 假如天文台在早上七時正懸掛八號或以上熱帶氣旋警告信號及/或發出黑色暴雨警告，當日所有小組面試將會延期舉行。本署將儘快通知有關申請人新訂的面試日期及相應安排。

- 通過「小組面試」的申請人，會收到電郵邀請出席「能力傾向測試」、「基本法測試」及「最後面試」。

c. 能力傾向測試及基本法測試

二級懲教助理職位申請人的「能力傾向測試」及「基本法測試」，將於懲教署職員訓練院舉行。

- 通過小組面試的申請人將獲邀出席「能力傾向測試」、「基本法測試」及「最後面試」。
- 最後面試將安排於「能力傾向測試」及「基本法測試」的同日舉行。
- 有關申請人必須按邀請電郵內列明的日期及時間出席該測試。
- 如申請人缺席「能力傾向測試」，其申請將作放棄論。
- 署方會即時終止處理其是次「二級懲教助理職位」申請而不另行通知。
- 假如天文台在早上7時正懸掛8號或以上熱帶氣旋警告信號，及/或發出黑色暴雨警告，當日所有能力傾向測試及基本法測試將延期舉行。
- 懲教署將儘快通知有關申請人新訂的測試日期及相應安排。

懲教署會用以下電郵邀請申請人出席「能力傾向測試、基本法知識測試及最後面試」：

主旨：懲教署「二級懲教助理」招聘能力測驗，基本法測試和最後面試

親愛的xxxxxx：

在通過上述職位的申請，你已通過的體能測驗和小組面試。之後，特此邀請您參加能力測驗，基本法測驗和最後面試。有關安排的詳情如下：

口期：xxxx年xx月xx口

地點：香港赤柱東頭灣道47號懲教署職員訓練學院。

a. 能力傾向測試

時間：11:15-12:15

b. 基本法測試（請參閱下面的*＆＃段）

時間：12:25-12:50

c. 最後面試

時間：第4批（從下午2時開始）

您必須在預定時間開始前30分鐘到達上述地點進行所有測試/面試。遲到者將不允許參加測試。如果您沒有參加能力傾向測試和/或最終面試，我們將認為您拒絕了您的申請，並且我們將立即停止處理您的申請，恕不另行通知。如果您仍然對工作招募的通告感興趣，可以從新提交新的申請。

您需要帶備以下物品參加考試/面試：

i. 此電子郵件的副本；

ii. 您的香港身份證；

iii. 最近的照片（護照的標準尺寸）；

iv. 學歷證明：您符合入學資格（即至少完成中五或同等學歷）和語言能力要求（即漢語和英語的2級或更高級別）的所有學術證書的原件和復印件；該職位的香港中學文憑考試或香港教育考試證書（或同等學歷）。如果您的資格是從國外獲得的，還請出示相關成績單和畢業證書；

v. 填寫完整的承諾書（附件），以表明您決定是否參加本基本法測試；先前的《基本法》測試結果（如果有）；和

vi. HB鉛筆和橡皮。請注意，會場不提供文具。

請穿著正裝參加面試。為確保懲教署人員和人員的健康，當局會在「能力傾向測試」、「基本法測試」和「最後面試」期間，採取一系列預防措施。有關詳細信息，請參見附錄。

能力測驗將以多項選擇題的形式在60分鐘內完成。

《基本法》測試將採用多項選擇題的形式，在25分鐘內完成。在整個「能力傾向測試」和《基本法》測試中，必須關閉手機，傳呼機或任何會發出聲音的物品。您必須非常仔細地聆聽並遵循主持人給出的指示。在能力測驗和基本法測驗中違反指示或不誠實行事的考生可能會被取消參賽資格。

˙《基本法》考試成績不會影響考生的面試資格，而是評估考生是否適合任用的考慮因素之一。如您參加了由其他局/部門安排的《基本法測試》，則只有在接待處提交複印件和以前的《基本法》測試結果的原始副本後，您才能免於參加上述時間段的《基本法》測試。最後面試的機會。

#如您過去沒有參加過任何《基本法》考試，或者希望再次參加《基本法》考試，則應在上述時間段參加該考試，以此作為此次招聘活動評估的一部分。請在接待處提交所附的承諾以表明您的意願。

通常，當發出3號或以下颱風信號和/或發出暴雨信號「琥珀色」或「紅色」時，應按計劃進行測試/採訪。當8號或以上颱風信號和/或0700時發出「黑色」暴雨信號時，當天的所有測試/採訪將推遲。在這種情況下，將另行通知有關候選人重新安排的安排。如果緊急情況需要聯繫員工培訓學院，請致電2899-1800。

請注意，此邀請參加測試/面試並不意味著您已達到該職位的入職要求。您的學歷將得到進一步評估。如果您在最後一次面試之前尚未達到指定的入學要求，則無論您的測試結果和選擇過程中的表現如何，都不會任命您。

如有查詢，請在辦公時間內致電2582-2085。

注意：考生必須在預定時間開始前30分鐘到達試場。遲到者將不允許參加測試。

考生必須帶備以下物品參加考試：

1. 此電子郵件的副本；

2. 您的香港身份證；

3. 最近的照片（護照的標準尺寸）；

4. 學歷證明：您符合入學資格（即至少完成中五或同等學歷）和語言能力要求（即漢語和英語的2級或更高級別）的所有學術證書的原件和復印件；該職位的香港中學文憑考試或香港教育考試證書（或同等學歷）。如果您的資格是從國外獲得的，還請出示相關成績單和畢業證書；

5. 填寫完整的承諾書（附件），以表明您決定是否參加本基本法測試；先前的《基本法》測試結果（如果有）；和

6. HB鉛筆和橡皮。請注意，會場不提供文具。

懲教署二級懲教助理招聘

能力傾向測試、基本法知識測試及最後面試預防措施及安排：

考生在出席能力傾向測試, 基本法知識測試及最後面試時應留意以下指引：

1. 出現以下情況的考生不應赴考，及應盡早求醫：

a. 出現發燒（體溫達攝氏38度或以上），不論是否有急性呼吸道感染徵狀，例如咳嗽、氣促等；

b. 沒有發燒，但有急性呼吸道感染徵狀。

2. 考生在出席能力傾向測試，基本法知識測試及最後面試當日正接受政府指定的強制檢疫，便不應前往試場。

3. 考生須在試場入口處提供的「考生健康申報表」內作出申報。如作任何虛假、不完整或誤導的申報，將會被視為違反規則。

4. 考生進入試場前，必須正確地戴上自備外科口罩（口罩須完全覆蓋口、鼻和下巴）及使用自備或設於入口的酒精搓手液清潔雙手。職員會檢查考生是否已填妥及簽署「考生健康申報表」，並會為所有考生量度體溫。如考生出現發燒或在出席能力傾向測試，基本法知識測試及最後面試當日正接受政府指定的強制檢疫，職員將要求考生離開試場及應盡早求醫。上述程序將會被嚴格執行。考生在試場內亦應提高防疫意識，避免與其他人交談。

5. 職員在點名及核實考生身分時，可要求考生暫時除下外科口罩，以確認其身份。

6. 考生在使用洗手間時應保持一定距離以避免出現人多擠逼的情況。

d. 最後面試

二級懲教助理職位申請人的最後面試，會於懲教署職員訓練院舉行。

— 通過小組面試的申請人將獲邀出席最後面試。

— 有關申請人必須按邀請電郵內列明的日期及時間出席該面試。

— 如申請人缺席最後面試，其申請將作放棄論。

— 懲教署會即時終止處理其是次二級懲教助理職位申請而不會另行通知。

— 出席 最後面試時，申請人必須出示學歷證明文件的正本，並提供 副本一份，以證明其學歷及語文能力符合二級懲教助理職位的入職條件。

— 假如天文台在早上7時正懸掛8號或以上熱帶氣旋警告信號及/或發出黑色暴雨警告，當日所有最後面試將會延期舉行。

— 懲教署將儘快通知有關申請人新訂的面試日期及相應安排。

當考生通過以上的遴選程序後，會收到以下電郵，安排出席訓示（Briefing）：

AOII Recruitment Exercise <aoii_recruitment_exercise@csd.gov.hk>

Candidate No:

Dear XXX,

I refer to your application for the post of Assistant Officer II. Subsequent to your attendance in the Final Interview, you are hereby invited to attend a briefing at the Correctional Services Department Headquarters, 23/F, Wanchai Tower, 12 Harbour Road, Wan Chai, Hong Kong at xxxx hrs on xx July 20XX.

When attending the briefing, please bring along -

1. your Hong Kong Identity Card; and

2. original copies of all your academic certificates to prove that you meet the entry qualifications (i.e. at least completed Secondary 5, or equivalent) and the language proficiency requirements (i.e. Level 2 or above in Chinese Language and English Language in the Hong Kong Diploma of Secondary Education Examination or the Hong Kong Certificate of Education Examination, or equivalent) of the post by the date of your final interview. If your qualification(s) is/are obtained overseas, please provide relevant transcript(s) and graduation certificate(s).

This briefing invitation does NOT indicate the likelihood of appointment. Your suitability for appointment will be further assessed. If you have any queries, please contact the Appointments Unit at 3525 -0709.

之後再會安排投考人進行品格審查,以及體格檢驗程序。

e. 品格審查

成功通過「最後面試」的投考者,會被安排到懲教署總部聘任分組,進行「品格審查」。過程中,投考者會獲派一張俗稱「G.F. 200」的表格。(正確名稱是「一般審查表格」,英文叫「Normal Checking Form」)。

考生在填表時,需注意以下幾點:

1. 呈交的資料會作操守審查之用。
2. 如身份證上的中文姓名與表格上不同,需填寫兩者的電碼。
3. 提供的資料須盡量詳細、準確,否則可能會喪失獲聘的資格。
4. 在不適用的欄內,填上「不適用」。
5. 填妥表格後,應保留副本,以供個人參考用途。
6. 遞交表格後,如要更正或索閱個人資料,請向要求填寫本表格的招聘部門,或職系負責人查詢。

G.F. 200表格涵蓋以下10大部份:

01. 個人資料

需填寫中英文姓名、身份證號碼、中文商業電碼、出生日期和地點、國籍、婚姻狀況、過去5年在香港的住址(需列出詳細地址,包括:座數、樓數及單位)、過去5年在香港以外地方的住址(請列出詳細地址,包括座數、樓層及單位)等。

02. 配偶資料

需填寫配偶的中英文姓名、身份證號碼、國籍、出生日期及地點、結婚日期及地點、現時或最後住址、現時或最後所任職業及職位、僱主名稱及地址等。

03. 過去五年就業（包括兼職）及就學的詳情

如是兼職工作，請註明。沒有就學的時間亦須列明。填寫時，需列出過去5年在香港就業（包括兼職）及就學詳情，需提供的資料包括：學校/僱主的名稱及詳細地址、職位/就讀級別。

04. 你曾否在香港或其他地方法庭被判有罪？

如無，請填「無」。如有，則需詳細說明。

05. 如曾經或現正申請政府職位，需列出申請的職位、政府部門及日期。

06. 子女/繼子女的資料

如是學生，請填寫學校名稱及地址。

07. 父母或繼父母的資料

08. 所有在香港或其他地方居住的兄弟/姊妹、同父異母或同母異父兄弟/姊妹的資料

如是學生，請填寫學校名稱及地址。

09. 配偶父母的資料

10. 當事人配偶的所有在香港或其他地方居住的兄弟姊妹，以及當事人的所有兄弟姊妹的配偶的資料

如是學生，請填寫學校名稱及地址。

於2020年7月後入職的公務員（包括「二級懲教助理」），須簽署聲明擁護《基本法》。

完成所有遴選程序的投考人，才會獲考慮聘任為懲教署的「二級懲教助理」。

懲教署職員訓練院位置圖

Location map of Staff Training Institute, Correctional Services Department

如何前往 **How to get there**

乘坐 40 號專線小巴（由銅鑼灣開出）
Public Light Bus No. 40 from Causeway Bay

乘坐 52 號專線小巴（由香港仔開出）
Public Light Bus No. 52 from Aberdeen

乘坐 6、6X 或 260 號巴士（由中環開出）
Bus No. 6, 6X or 260 from Central

乘坐 73 號巴士（由數碼港／華富邨開出）
Bus No. 73 from Cyberport / Wah Fu Estate

乘坐 973 號巴士（經西隧，由尖沙咀開出）
Bus No. 973 from Tsim Sha Tsui (via Western Tunnel)

乘坐 63 號巴士（由北角開出）
Bus No. 63 from North Point

第一關：體能測驗

1. 計分方法

a. 男投考者

項目	0分	1分	2分	3分	4分	5分
仰臥起坐（1分鐘）	≤36 次	37-40 次	41-44 次	45-48 次	49-52 次	≥53 次
穿梭跑（9米x10次）	≥27.4"	26.6"-27.3"	25.9"-26.5"	25.0"-25.8"	24.3"-24.9"	≤24.2"
俯撐取放（30秒）	≤14 次	14.5-15.5 次	16-17 次	17.5-18.5 次	19-20 次	≥20.5 次
立地向上直跳（3次試跳）	≤40 厘米	41-44 厘米	45-48 厘米	49-52 厘米	53-56 厘米	≥57 厘米
800 米跑	≥3'51"	3'37"-3'50"	3'23"-3'36"	3'08"-3'22"	2'54"-3'07"	≤2'53"

b. 女投考者

項目	0分	1分	2分	3分	4分	5分
仰臥起坐（1分鐘）	≤23 次	24-28 次	29-32 次	33-37 次	38-41 次	≥42 次
穿梭跑（9米x10次）	≥35.4"	33.7"-35.3"	32.1"-33.6"	30.4"-32.0"	28.7"-30.3"	≤28.6"
俯撐取放（30秒）	≤12.5 次	13-14.5 次	15-16.5 次	17-18.5 次	19-20.5 次	≥21 次
立地向上直跳（3次試跳）	≤27.5 厘米	28-31 厘米	31.5-34.5 厘米	35-38 厘米	38.5-41.5 厘米	≥42 厘米
800 米跑	≥5'14"	4'56"-5'13"	4'37"-4'55"	4'18"-4'36"	4'00"-4'17"	≤3'59

註：1. 考生必須完成體能測驗的每個項目。 2. 考生若要通過測試，必須在各項目中取得最少1分，且總分不可少於15分。3. 如有任何一個項目未能得分，均會視作未能通過。

2. 過關要求

a. 仰臥起坐（1分鐘）

正確姿勢／動作	錯誤姿勢／動作
開始時雙腳緊勾架上的鐵管	雙腳的距離超過肩膀的寬度
雙腳的距離不能超過肩膀的寬度	雙腳屈曲不是 90 度
雙腳呈 90 度屈曲	仰臥上來時，雙手手指沒有觸及鎖骨
雙手交叉放於胸前，手指觸及鎖骨	仰臥上來時，拉扯衣服借力
仰臥上來的時候，雙手手肘均需要觸及大腿中間或以上的位置	仰臥上來時，手肘沒有觸及大腿中間或以上位置
回復動作時，肩胛骨需要觸及海棉，才是一次完整的動作	回復動作時，肩胛骨未有觸及海棉

b. 穿梭跑（9米 x 10次）

正確姿勢 / 動作	錯誤姿勢 / 動作
考生需要在黃藍色虛線起步	當考生在黃藍色虛線起步後，腳掌沒有觸及或越過任何紅色線或黃藍色虛線，便是錯誤動作。
跑往對面的紅色線	
其中一隻腳的腳掌觸及或越過紅色線	
回程時，其中一腳的腳掌觸及或越過黃藍色虛線	
是為一次標準的來回跑，總共需要來回跑 5 次	

註：考官會提示考生折返，考生必須折返，並觸及或越過界線，否則該次的來回跑不會被計算。

c. 俯撐取放（30秒）

正確姿勢 / 動作	錯誤姿勢 / 動作
開始時考生需要雙手支撐身體成掌上壓的姿勢。	雙腳距離超過肩膀寬度
腰部保持挺直	腰部過份抬高或沉低
雙腳距離不能超過肩膀寬度	使用相同的手進行豆袋取放
考生可以選擇使用右手將豆袋從椅上拿下及左手將豆袋放回椅上，或者使用左手將豆袋從椅上拿下及右手將豆袋放回椅上。	取放時除了手掌和雙腳前掌外
當考生選擇了以上其中一種方法後，往後的動作也必須相同。	身體其他部位觸及地面
取放過程中不會計算半次，只有當代表時間到的哨子聲響起時，考生剛好把豆袋放到地上，才會被計算半次。	取放過程中，必須手持豆袋，不能中途將豆袋掉下或拋擲豆袋到椅子上
	在取放時，若果豆袋拋開或者椅子被移位，考生需要自行放回原位，才可再作開始

註：根據以往的經驗，考生如果未能達標，大多是在俯撐取放中失手，而該項目主要測試投考者的上肢肌力，臂力、腰力和協調能力。

d. 立地向上直跳（3次試跳）

正確姿勢 / 動作	錯誤姿勢 / 動作
開始時，雙腳緊貼站立	腳跟離地起跳
腳尖觸及牆身	雙腳腳掌重複跳動
雙手舉高，兩臂緊貼耳朵	起跳前助跑
考官將會調較讀數板的高度	
考生開始向上直跳的時候，雙腳腳掌需要平放地下	
向上跳躍的時候，雙腳要同時離地	
然後拍打讀數板	
考生可以側身使用右手拍打讀數板，或者側身使用左手拍打讀數板	

註：考生在此項測試可正式向上直跳 3 次，如 3 次向上直跳的其中一次拿到滿分，便無須再跳。

e. 800米跑

正確姿勢 / 動作	錯誤姿勢 / 動作
開始時，由起點線至終點線的 20 米，考生必需沿自己的線路跑	如果考生沒有舉手示意，但故意踢倒「雪糕筒」或者跑進「雪糕筒」範圍內，考生會被取消此項目的測驗資格。
越過終點線才可以切線	
沿途考官不會報時及報圈數	
至第 5 圈之後，才會通知考生可以衝線	

期間如考生感到身體不適或者因為任何原因需要停止考試，考生可以舉手示意並跑進「雪糕筒」範圍內，在場考官員會提供協助。

3. 成功分享

由於工作的關係，生活忙碌，收工後總是筋疲力盡，因此長期缺乏運動，甚至成為了久坐不動的上班一族，體能實際是每況愈下，但是為了應付懲教署「二級懲教助理」的「體能測驗」，我在數月之前，就已經展開地獄式的操練，特別是進行帶氧運動、重力訓練、游水等，從而鍛鍊出一定程度的體能。回想開始進行操練之時，曾經感到非常吃力，中途亦曾經想過放棄，但最終憑著意志捱過去。

除了進行鍛鍊之外，期間亦作出合理及均衡的飲食，堅持每天三餐正常，除了三餐就沒有再吃別的東西，晚餐會以清淡為主。

投考「二級懲教助理」的「體能測驗」需要過5關，而當中每個項目的最高成績為5分，但如果在某一個測驗項目之中只獲得0分，就要即時被淘汰出局，無得留低。

因此在「體能測驗」之中，考生總共需要取得15分才算是合格，而且亦即是平均每項「體能測驗」均必須要取得3分。而當「體能測驗」合格後，考生才可以繼續參加下一關的「小組面試」。

考生在排隊以及準備進行「體能測驗」期間，全程應保持安靜，不要與其他投考人聊天，因為會有可能對他人造成騷擾，亦會有可能被考官責備。

a. 實戰貼士（一）：仰臥起坐

我原本可以在一分鐘內連續做到標準的仰臥起坐50次左右。但是我在開始的時候，可能因為身處考試場地以及有其他投考人，因此感到緊張。考官叫開始就不停地做，所以經過一輪拼命之後，到了第40次時經已無力，而且苦支撐到做完第45次之後，原來還有7至8秒剩低，但我實在已經無氣力再繼續做。建議考生在此測驗項目應該要保持均速。

由於我在1份鐘之內做了45次「仰臥起坐」，因此我在這項測驗中取得3分。

在完成「仰臥起坐」這一項測驗後，就已經淘汰了部分考生。

而根據「懲教署職員訓練院體育組」指出，考生最常在「仰臥起坐」環節不合格，主因考生太急進去追求次數，忽略正確姿勢，例如考生常拉衫借力致姿態不合格，提醒考生手指須要觸到鎖骨，向下時身體背部要觸到海棉。

b. 實戰貼士（二）：穿梭跑

其實「穿梭跑（9米X10次）」是一項敏捷度的測驗，投考人在鍛鍊期間，應首先多練習轉身這個動作，例如180度快速轉身，並且要在轉身時能夠達至自然流暢的重心轉移，不可以兜圈，要做到使用最短距離的直線，其次是鍛鍊短跑以及加速技巧。

在測試時，由於地下濕滑，所以會看到很多考生因為轉身時收掣不及，衝遠了數米，又或者跌低，因此影響了時間及成績。還有，考生緊記不可以因為心急偷步。

我在這項「穿梭跑（9米X10次）」用了24.5秒完成，因在此項取得4分。

但當我完成了「仰臥起坐」及「穿梭跑」這2項測試後，發覺已經很累了。

在「穿梭跑」這一項測驗，又再一次淘汰了部分考生。

c. 實戰貼士（三）：俯撐取放

這是能夠在家中進行練習的項目，建議考生到書店買一個豆袋作模擬練習。

而「俯撐取放（30秒）」測試，首先要用雙手支撐身體，然後做出掌上壓的姿勢，之後再使用右手將豆袋從前面的椅上拿下，及再用左手將豆袋放回前面的椅子上。

以下是考生常犯的錯誤，過程中會視作犯規：

－ 臀部過高又或者過低
－ 身體未能支撐成一直線
－ 放豆袋時不穩，因此從椅子上掉下來
－ 將豆袋擲在地上，並非放在地上
－ 取放時，令椅子和豆袋移位

我在這項測驗中，由於總共做了20次，因此取得4分。

d. 實戰貼士（四）：立地向上直跳

到了「立地向上直跳（三次試跳）」。

跳繩、深蹲跳、跳躍動作，都可以提升考生的彈跳力。

考官會好好人，讓考生慢慢調整至正確的姿勢，然之後才起跳；我跳出53厘米之成績，因此在這項測驗之中取得了4分。

完成「立地向上直跳」這項體能測驗後，現場只剩約一半考生。

e. 實戰貼士（五）：800米跑

最後是「體能測驗」的最後一關「800米跑」。

由於已經進行了4項「體能測驗」，其實已經非常的疲累，但在心中算過後，只要在這項體能測驗之中，取得1分就可以過關了。

在整個過程中，一定要保持勻速、專注自己的節奏和呼吸；不要被其他的考生影響到自己，例如：人衝我又衝、前段跑得太快因而後勁不繼，嚴重影響成績、更加不應回頭看著身後的考生跑；最後就可以成功衝線。

最後終於在堅持下，以3分10秒完成，並在這項測驗中取得3分。

當我完成了這5項「體能測驗」之後，我合共取得18分，成功過關，總算是放下心頭大石。覺得在鍛鍊期間一切的辛苦都是值得的。看到最後的成績，感受到付出的努力是沒有白費。

「體能測驗」要求看似簡單，因此有不少考生會看輕體能測驗，甚至沒有準備就前赴考場；建議考生應該在測試前，安排一天進行預演及模擬整個體能測驗流程，從而了解是否可以同時完成5項測驗，並且達到合格的成績。

第二關：小組面試

1. 簡介

通過體能測驗的申請人會獲邀請參加同日舉行的「小組面試」。

- 面試地點同樣是位於赤柱的「懲教署職員訓練院」內
- 面試過程約15至20分鐘，每組考生約7至10人
- 討論題目主要圍繞香港的時事新聞或社會議題，並由投考者自由發揮進行討論。
- 小組討論期間，考官會從旁觀察，並就各考生在討論過程中的表現，評核考生的溝通、表達、分析及處理壓力等能力。

懲教署以「小組面試」形式進行測試，是能夠更具效率地考驗投考人的溝通能力、分析能力、表達技巧、臨場應變能力及對時事的認知，從而加快招聘步伐，而懲教署一貫「用人唯才、擇優錄用」的招聘宗旨是維持不變。

「小組面試」可以設有： A、B、C、D共4個Board，而每組會安排有7至10名考生。分別會進行2項測試：

- 測試項目1：自我介紹
- 測試項目2：小組討論

a. 自我介紹

考生須輪流用廣東話作大約1至2分鐘的「自我介紹」。

b. 小組討論

當每位考生都做完「自我介紹」後，會直接進行「小組討論」環節。題目主要圍繞本地時事新聞或社會議題，考生可自由發揮，進行討論。考官會從旁

觀察，並就各考生在討論過程中的表現，評核他們的溝通、表達、分析及處理壓力等能力。

「小組討論」的題目會由考官讀出，然後主考官會給1分鐘各考生思考答案，討論時間為20分鐘。

2. 小組面試（一）：自我介紹

在「小組面試」時，主考官為了快速了解考生的基本資料和背景，通常會向考生講：「現在給你2分鐘，簡單介紹自己。」作為考生，當你聽到主考官講出這一句説話時，你在腦海中又會浮現甚麼？

— 你會有甚麼的反應？

— 你會講甚麼去介紹自己？

其實1分鐘或2分鐘的「自我介紹」看似好簡單，但考生有無想過，究竟如何既講到重點，又能突顯個人特質？

因此考生應及早做好準備，從而好好地掌握這2分鐘的黃金時間突出自己，吸引主考官的注意。如能將「自我介紹」做好，就即是成功了一半，增加脫穎而出的機會。

在整個「二級懲教助理」的遴選面試過程中，考生會有2次機會進行「自我介紹」：第一次是在「小組面試」，而第二次則在「最後面試」時。

而「自我介紹」是面試程序之中，唯一可以自己事先掌握的部分，以及主動展示自我的機會，若然考生表達出色，能夠針對遴選的需要，將自己決心投身「懲教署二級懲教助理」的熱誠、潛質和才能，毫無保留地表現出來。不但能夠令主考官留下深刻的印象，甚至可能令到主考官在稍後的提問方式亦會有所不同。並且有利於接下來的「小組面試」環節。

a. 過關錦囊

到底應如何準備一篇出色的「自我介紹」？以下是撰寫「自我介紹」的重點及貼士：

（1）先了解考試規則：

投考「二級懲教助理」的考生，會在遴選程序的兩次「面試」之中，均會以廣東話作大約1分鐘或者2分鐘的「自我介紹」。

（2）鋪排次序、重點和方向：

「自我介紹」的內容以及次序是極之重要，考生是否能夠緊握「主考官」的注意力，完全在於編排的方式。

所以排首位的，應該是主考官最想知的事情，而這些正是投考「二級懲教助理」的主要原因。故此，建議考生在構思「自我介紹」的結構及內容，應依據以下6大重點、方向和結構作準備：

- 投考「二級懲教助理」的主要原因
- 適合投身「二級懲教助理」之質素
- 過去及現在之工作背景
- 學歷
- 專長
- 家庭

以上內容均是圍繞投考「二級懲教助理」進行，亦是主考官心中所想的資料，其餘跟投考沒有關係的話，考生應該完全刪除。

「自我介紹」完畢後，主考官會有可能繼續向考生發問數條與剛才「自我介紹」又或者「自身」有關之問題。

b. 經驗之談

其實各位考生明明知道會被問「自我介紹」這一條問題,但似乎都沒有好好地準備如何回答。不少考生甚至誤以及「自我介紹」只是面試的第一條問題,純屬「熱身」,但其實這種觀念大錯特錯,「自我介紹」的開場白,反而是整個遴選面試的重要環節,同時也是面試評核的重要指標。

那麼,考生應如何在這60或120秒內,向考官展示自己的熱誠、優點、潛質和能力?

－ 「自我介紹」應做哪些準備?

－ 「自我介紹」有甚麼問題值得關注?

首先,在時間分配上,考生應該將「自我介紹」分為以下「第一」、「第二」、「第三」階段進行分配及演繹:

第一階段:考生可以簡簡單單地講述姓名、年齡、家庭、學歷、工作等基本的個人資料。

第二階段:考生必須要重點講出投考「二級懲教助理」的主要原因,從而讓主考官留下深刻印象,建議可以用「列點」的方法去進行演繹,例如:

我的「第一個投考原因」:面對挑戰、勇於承擔

我的「第二個投考原因」:服務市民、實踐抱負

我的「第三個投考原因」:回饋社會、關懷社群

第三階段:亦即「最後的階段」,建議考生可以講述自己的「優點」、「缺點」、適合投身「二級懲教助理」的質素/特質,又或者期望如果能夠成功通過遴選,那麼冀望未來在懲教署的目標、抱負以及發展。

考生如能作好時間分配,則可以突出個人的優點,讓主考官印象深刻。而想達至這種效果就取決於考生對於遴選面試的準備工作做得好與壞了。

c. 考生易犯毛病

如果考生事先預備了「自我介紹」的主要內容，並且分配了所需時間，考生就能得體地表達出「自我介紹」。但在實戰之情況中，大部份之投考人士，往往忽略了「自我介紹」的重要性。

（1）情況一：

有些考生的自我介紹內容，往往都是「平平淡淡、毫無特點、沒有特色」，甚至「雜亂無章」地只是介紹自己的姓名、年齡、身份，其後只係可能再補充一些有關於自己的學歷、工作背景、興趣等資料，於大約1半時間之後就結束了「自我介紹」，然之後就「目瞪口呆」地望著主考官，等待主考官的提問。這是相當不妥的，並且絕對白白浪費了一次向主考官推薦自己的寶貴機會。

（2）情況二：

另有一些考生，則「企圖」又或者「意圖」將自己一生人的全部經歷、資料，例如：投考「二級懲教助理的主要原因」、「適合投身二級懲教助理的質素」、「家庭」、「學歷」、「工作背景」、「專長」等6大方向，全部壓縮在這1分鐘或者2分鐘之內，然後用機關槍掃射的速度背誦，相信會帶來反效果。

其實這是極端錯誤的方法，因為適當地安排及分配「自我介紹」的時間，分清主次，突出自己的重點，例如投考「二級懲教助理」的主要原因才是首先要考慮的問題。

d. 應做vs不應做

（1）應做

1. 在事前作好準備，並不斷練習和改良，甚至應多找朋友進行練習。

2. 避免使用書面語，應多使用日常用的口語進行操練。

3. 字眼及用詞應加以修飾，避免使用不雅的詞彙。

4. 多講正面的説話。

5. 突出「優點」和「長處」，應引用相關例子説明。例如講述工作經驗與成就時，嘗試用自己曾做過的工作説明，從而證明你有領導才能的「優點」，你亦可以嘗試引用老師/上司的評語支持自己描述的「優點」。

6. 在講述了自己的「優點」後，也應要準備自己的「缺點」，好讓主考官在追問時，能第一時間回應，但要説明自己如何克服這些「缺點」的方法，及如何去改進完善自己的「缺點」。

7. 留意自己的聲線，要聽來流暢自然，有抑揚頓挫，充滿自信心。

（2）不應做

1. 自吹自擂、言過其實、空口講白話、説得完美無瑕，甚至企圖欺騙面試的主考官。

2. 與面試毫無關係的內容，即使是你引以為傲的事，都應忍痛捨棄。

3. 如説話太大或太細聲，或用機關槍掃射的速度，均應避免。此外，用背誦、朗讀的方式説話也是不對的。

4. 調適自己的情緒，避免面無表情、語調生硬，又或者在談及優點時眉飛色舞，興奮不已。

5. 不要過份強調因為「錢」、因為「人工高、福利好、有宿舍、退休又有保障」而投考懲教署的工作。

（3）禁句例子

「我好需要二級懲教助理呢份收入穩定嘅工作，維持同改善屋企嘅環境。」

「以我的學歷，能夠加入懲教署賺到兩萬多蚊收入，我覺得係相當豐厚嘅人工。」

「我好希望可以搵到一份安穩嘅工作例如二級懲教助理，幫我照顧家人，以及減低家庭嘅經濟壓力。」

「我媽媽需要獨力擔起成頭家，所以我好希望能夠加入懲教署，成為二級懲教助理，減輕佢嘅負擔。」

「我加入懲教署，主要係因為人工高、福利好、有宿舍，而呢份人工，可以足夠我照顧做散工嘅爸爸同失業嘅媽媽，重可以俾我儲錢同女朋友結婚，共同建立一個穩定家庭。」

提提你：

其實如果考生強調是因為「錢」、因為「人工高、福利好、有宿舍、退休又有保障」而投身「懲教署」，相信這樣絕對只會帶來反效果，甚至在考官面前留下不好的印象，甚至可能直接影響到其後的「小組討論」又或者「最後

面試」是否順利。

d. 參考範本

（1）範本1

我想投考懲教署的「二級懲教助理」，原因有三：

第一點：

— 懲教可以維持社會穩定而且減低社會罪案率，「亦懲，亦教」。

— 「懲」是社會上犯罪的人受到法律制裁

— 「教」就是給予犯人正確價值觀，提供適當的工作和訓練，改正他們的
  錯，幫他們自力更新，重投社會。

所以，我覺得「懲教」工作是十分有意義的。

第二點：

—「懲教」工作是多層面、多元化。

— 我知道日常工作除了管理以及監管犯人之外，還要提供他們的日常起
  居，心理輔導，照顧佢地本身嘅福利，教育，甚至是宗教信仰，係呢
  到，我覺得會多一份使命感。

第三點：

— 我覺得對「懲教」工作的熱誠態度，同事的合作關係，與在囚人士的溝
  通和了解都非常重要。

—「懲教」的工作富挑戰性，我選擇「懲教」工作成為我嘅終生職業。

（2）範本2

Good Morning SIR

好榮幸我可以有呢個機會，嚟到「懲教署職員訓練院」，參與進行「二級懲教助理」嘅入職遴選面試。

我叫做XXX，今年XX歲。

首先我想講一講，我投考「二級懲教助理」嘅三個主要原因：

原因一：

我喺中五的那一年，因為參與一次義工活動，期間認識咗「三位更生人士」，當時從他們的分享之中，得知他們在入獄期間，學識咗好多嘢，而且他們不約而同地稱讚「懲教署」人員的教導，例如提供專業的技能訓練以及教識佢地好多、好多人生的道理，從中磨練對人、對事同對物的態度，令到他們可以改過自新，重投社會，一生受用不盡。

因為呢次事件，令到我留下極為深刻的印象。覺得懲教署於教育、協助及輔導罪犯的工作十分成功，能夠為罪犯重返社會，做好各式各樣的準備。所以我喺大學畢業後，希望有機會成為「懲教署」一份子，一展抱負。並且秉承懲教署「亦懲、亦教」嘅宗旨，以服務社會為榮。

原因二：

我大學主修「心理學」，並且曾經修讀「犯罪心理學」，我相信人性本善，每個人都會做錯事。但每個人嘅行為都可以透過學習去改變，我自己有個心願，就係希望能夠有一天，將大學時期所學到的專業知識，去幫助這群曾經誤入歧途的在囚人士，重新起步、融入社會。

原因三：

「懲教署」提供最優質的監獄管理以及完善的更生事務，對社會極有意義，而我亦希望能夠服務市民、回饋社會、為社會出一分力。因此如果我能夠成功加入「懲教署」，我必定會全力以赴，去實現自己的夢想，對社會作出無私的貢獻。

我就係因為呢三個原因，決心投考「懲教署」。

（3）範本3

Good Morning SIR

我叫XXX，嚟緊我會用兩分時間去講出我投考懲教署「二級懲教助理」嘅三個主要原因。

首先，我希望可以幫助他人：

「懲教署」於監管在囚人士嘅時候，同時亦為佢哋提供工作技能培訓以及教育課程。並且協助佢哋喺在囚期間改過自身、增值自己。當在囚人士再次踏足社會之時，就可以更容易去適應新生活，懲教署的職務能夠幫助在囚人士，我感到十分有意義。

另外，我好尊敬懲教署「以人為本」嘅態度待人處事。就算在囚人士曾經犯下什麼錯誤，懲教署都會以人道同體諒既方式對待在囚人士。

好似我哋日常生活經常會見到嘅行人路上嘅地磚，行人路上嘅鐵欄杆、馬路上嘅街道名牌、甚至係醫院嘅保護袍，都係交由佢哋處理，令到在囚人士能夠用另一種方式去回饋社會、服務市民，亦能夠協助在囚人士建立一個正面嘅形象，並且培養到佢哋對社會嘅責任心。

最後，懲教工作富有使命感：我了解到香港人既思想較為傳統，更生人士再踏足社會時，往往有可能會被標籤。而懲教署的使命就係要克服困難，以堅

毅不屈嘅精神去為誤入歧途的人帶來重生的機會。

基於以上三個原因,我好希望能夠成為懲教署當中的一份子,就算將來會遇到各種挑戰,但我亦唔會放棄,努力履行服務社會嘅責任。

e. 錯誤例子

例子1

首先,相信各位投考人士,均應該知悉懲教的「抱負、任務及價值觀」:

• 抱負

成為國際推崇的懲教機構,使香港為全球最安全的都會之一。

• 任務

我們以保障公眾安全、減少罪案為己任,致力以穩妥、安全和人道的方式,配合健康和合適的環境羈管交由本署監管的人士,並與社會大眾及其他機構攜手合作,為在囚人士提供更生服務。

• 價值觀

秉持誠信:持守高度誠信及正直的標準,秉承懲教精神,勇於承擔責任,以服務社會為榮。

專業精神:全力以赴,善用資源,提供成效卓越的懲教服務,以維護社會安全和推展更生工作。

以人為本:重視每個人的尊嚴,以公正持平及體諒的態度處事待人。

嚴守紀律:恪守法治,重視秩序,崇尚和諧。

堅毅不屈:以堅毅精神面對挑戰,時刻緊守崗位,履行服務社會的承諾。

就以上而言，我曾經見過有考生，竟然將「抱負、任務及價值觀」之字句，完全套用在其「自我介紹」之內，因此形成辭不達意，更甚是讓主考官覺得你的組織能力、表達能力均有問題，以及是一位不經大腦的人。

所以在準備你的「自我介紹」時，請不要胡亂使用又或者不適當地套用懲教署的「抱負、任務及價值觀」。

以下就是該考生套用了「抱負、任務及價值觀」的「錯誤」自我介紹內文。

例子2

Good Morning SIR

我想講講我投考二級懲教助理嘅原因：

懲教是一份具有挑戰性既工作，以「亦懲亦教」的方式監管犯人，可以係一個健康和合適的羈押環境下比犯人一個改過自新既機會，讓犯人吸收正確既觀念，更提供一些教導，為在囚人推展更生工作，幫助犯人將來重投社會，為社會作出貢獻，減少罪案發生，以保障公眾安全，建立一個安隱既社會，使香港成為全球最安全的都會之一。

懲教工作多姿多彩，我感到好有意義！

我曾經做個一份工作，係保安員，入職時更曾經接受過步操、自衛術、搜身等訓練。由於每日都會面對唔同既人，所以必須持守高度誠信及正直的標準，以公正持平及體諒的態度處事待人。並且需要經常與同事溝通，所以我重視每一個同事的尊嚴。

由於日常保安工作是需要保障設施安全運作，而我曾經負責既部門，更加需要時刻緊守崗位，檢查各種車輛、人、以及行李，防止有人帶違禁品進入禁區，例如：爆炸品、攻擊性武器甚至毒品等等。當值期間，更要去面對不同

挑戰,所以,<u>以人為本、嚴守紀律、專業既服務精神</u>唔可以少。

基於以上各點,我有信心去應付今次嘅二級懲教助理嘅入職遴選面試。以上是我嘅自我介紹,多謝三位阿SIR。

提提你:

自我介紹是你要盡量將投考「二級懲教助理」的原因、優點突顯出來,但切記上文下理應貫徹始終。

例如自我介紹之「上文」曾經提及:「二級懲教助理」係一份具有挑戰性、服務市民、回饋社會嘅工作,為年輕的在囚人士提供正規教育課程;亦為在囚人仕提供更生事務,協助囚犯建立良好的工作習慣,利用在囚時間貢獻社會。我認為係一份可以幫助到別人,很有使命感的工作。

但「下理」則表示:最近我同太太結咗婚,幾個月後就成為爸爸,太太現時無工作,身為父親嘅我,現時好需要一份收入穩定嘅工作,維持同改善屋企嘅環境,所以我全家人都很支持我去投考「二級懲教助理」。

假如你是主考官,你會否覺得投考者「前言不對後語」,甚至是為錢,為改善生活,才加入懲教署?自我介紹主要是在遴選過程中,讓主考官更認識你,如果為此作出虛假之陳述並且遭考官識破,那就相當尷尬了。相信只要你誠懇地展現自己,就能打動並說服面試的考官。

3. 小組面試（二）：小組討論

二級懲教助理的「小組討論」是以廣東話進行，考官會在討論開始前給予相關指示，問題並沒有設定特定的範圍，大多是圍繞政府、政策、社會發展、與民生息息相關等。因此，在參與遴選之前，就需要留意有關的新消息，經常瀏覽報章及新聞網頁，做足功課。

在「小組討論」期間，因為有人際關係互動、協調效應等因素存在，所以，小組討論的一半是「說話技巧」，而另一半則是「聆聽技巧」。因此，不是一定要「贏」、要「勝利者」；考官亦往往想尋找懂得聆聽並接納他人意見、尊重別人的「考生」成為二級懲教助理。

考生需要學會掌握中庸之道，把握表現自己的機會之時，亦切忌鋒芒太露、太過強勢、壟斷發言或只懂駁斥其他人，反而惹人討厭及讓考官反感。考官期望是看到考生的修養、與人互動的能力、能夠顧全大局、懂得團隊合作的能力。

總括而言，小組討論是以「小組」作為整體，評核的標準不是「輸贏」而是合作。不可以抱住「不是你死、就是我亡」的心態。在「小組討論」時，考生的行為及表現應要與所申請的「二級懲教助理」職位是一致的，細看懲教署價值觀之中的其中一項就會明白，「以人為本」：重視每個人的尊嚴，以公正持平及體諒的態度處事待人。

最後，建立融洽的氣氛、以禮待人、友好地討論，才是勝利的關鍵。

由於考官會在「小組討論」過程中，從旁觀察每位考生，並就考生在「小組討論」的表現，評核他們的溝通、表達、分析、理解及處理壓力等能力；考生必須要掌握以下原則以及「應該做」與「不應做」的重點：

（1）應做

1. 望向其他組員進行發言，不應該只是面對住考官作出發言。

2. 表現出有「禮貌」、「熱誠」、「主動性」、「積極性」。

3. 留心傾聽其他考生發言，並在心中記下答案，準備隨時作出回應。

4. 與組員有溝通，互相交換意見、立場，並且保持客觀、共同嘗試解決問題、最後作出決定。

5. 盡量爭取發言，但「講得多」、「講得快」並不等於取得高分。

6. 留意發言時的語氣和聲調，不要以為「講得大聲」便能取得說話控制權，結果何能會是相反。

7. 在陳述之時輔以「實例」、「數據」、「專家意見」等資料作說明，從而增強說服力以及可信性。

（2）不應做

1. 壟斷發言，要讓其他考生均有發言之機會。

2. 過份沉默、不作聲，或過於被動，變成放棄發言。

3. 舉手提問，或「舉手」示意要讓你回答問題。

4. 無理打斷其他考生的說話、論點、意見或提問。

5. 無理反對/反抗其他考生的說話、論點、意見或提問。

6. 無理攻擊/挑撥其他考生的說話、論點、意見或提問。

7. 言過其實，或提供虛假資料，企圖瞞騙主考官。

8. 「單對單」的提問。

4. 小組討論：歷年精選題目

001. 復辦渡海泳對於香港有否幫助？

002. 你是否贊成15年免費教育？

003. 政府推行15年免費教育，是否贊成？

004. 學校是否應該加強「道德教育」？

005. 應否將「普通話」列入為必修課？

006. 應否將「國民教育」列入為必修課？

007. 應否將「中國歷史」列入為必修課？

008. 教課書價格不斷上升，是否應該推行電子書？

009. 如何提高市民大眾的「環保」意識？

010. 你哋認為「環保」同「經濟」，哪一樣重要？

011. 「環保」同「經濟」，兩者之間是否有衝突？

012. 有人話發展「環保」產業係大趨勢，你點睇？

013. 環保是近期的趨勢，你對於「環保」有甚麼意見？

014. 環保應該係由「教育」定係由「立法」去實行呢？

015. 你哋認為，用「教育」還是「立法」去推動環保比較有效呢？

016. 政府應否給錢精英運動員？

017. 有團體促請政府增加撥款比精英運動員，你是否贊成？

018. 是否贊成「標準工時」？

019. 立法規管「標準工時」有什麼利弊？

020. 實行「最低工資」有什麼利弊？

021. 「最低工資」是否會導致更加多人失業？

022. 你是否同意，「最低工資」是好心做壞事？

023. 有了「最低工資」，低收入人士是否可以取得滿意的基本生活？

024. 對於「遞補機制」草案有甚麼意見？

025. 對於「競爭法」有甚麼意見？

026. 「競爭法」對中小企可以獲得甚麼的好處？

027. 內地人來香港產子，對於醫療服務所帶來的影響？

028. 香港應否限制內地孕婦來港產子？

029. 政府應否拒絕雙非孕婦來港產子？

030. 雙非孕婦對香港社會帶來甚麼問題？

031. 攞綜援會否令人哋覺得係唔想做嘢？

032. 可以點樣幫助一啲攞唔到綜援嘅人？

033. 對於提升綜援金額，你有甚麼意見？

034. 應否為失業而需要申領綜援人士設期限？

035. 失業率高企的情況下，政府應否幫助青少年就業？

036. 失業率高企的情況下，政府應否重新發牌照比小販？

037. 美國應否立法干預中國的貨幣政策？

038. 如果地鐵設立女性車廂究竟係好定壞？

039. 是否贊成在地鐵車箱內加裝閉路電視？

040. 政府應該點樣幫助「漁農業」界的發展？

041. 漁農業界抱怨，政府扼殺佢哋生存空間，政府應該如何幫助佢哋？

042. 如何幫助本港「旅遊業」界的發展？

043. 香港的「旅遊業」，是否主要依靠自由行？

044. 就刺激香港的「旅遊業」，香港應否興建賭場？

045. 香港引入「美食車」，能否促進「旅遊業」的發展？

046. 取消一週多行，對「零售業」會造成哪些衝擊？

047. 究竟香港應該發展甚麼類型的產業？

048. 成也英國、敗也英國，你哋對公務員的規劃有甚麼睇法？

049. 公務員不滿意加薪幅度，會否影響士氣，並且造成負面的影響？

050. 對於男士享有侍產假有甚麼意見？

051. 男士侍產假期，究竟多少天才算合理？

052. 女士放14星期產假，對於中小企有無影響？

053. 中小企認為，男士享有侍產假，可能令其公司的經濟利益受損，你有甚麼意見？

054. 對於「自由」同「自律」有甚麼睇法？

055. 對於菲律賓傭工爭取居港權，你有甚麼意見？

056. 對於菲律賓外傭居港權一案，應否向人大釋法？

057. 應唔應該支持攞緊長者金的長者回鄉養老？

058. 對於有人建議政府，應介入私營醫院嘅收費，你對此有甚麼意見？

059. 如果增加薪酬，去改善公營醫院醫護人員流失問題，你有甚麼意見？

060. 贊唔贊成有「全民退休保障計劃」？

061. 對於「全民退休保障計劃」有甚麼意見？

062. 贊唔贊成推行「全民醫療保險」？

063. 有人表示推行「全民醫療保障計劃」，會令中小企百上加斤，對此你有甚麼意見？

064. 對於全港推行「校園驗毒計劃」，你有甚麼意見？

065. 如果大埔區「校園驗毒計劃」推行至全香港，你有甚麼意見？

066. 是否贊成「校園驗毒計劃」？

067. 對於5天工作週，是否贊成？

068. 地產霸權引致貧富懸殊問題，你有甚麼意見？

069. 對於香港起焚化爐，你有甚麼意見？

070. 討論興建焚化爐的「好處」以及「壞處」？

071. 香港堆填區將在數年內飽和，應否興建焚化爐？

072. 香港的垃圾堆積問題越來越嚴重，請提出長遠解決這問題的方法？

073. 如何處理香港垃圾堆填區飽和的問題？

074. 香港污染問題嚴重，如何可以提高市民的環保意識？

075. 請講出擴建堆填區的「好處」和「壞處」？

076. 是否贊成政府徵收「垃圾稅」？

077. 徵收「固體廢物收費」，是否處理垃圾問題的最佳方法？

078. 是否贊成實施「膠袋稅」？

079. 對於增加徵收「膠袋稅」，有甚麼睇法？

080. 強積金自由行有甚麼意見？

081. 強積金可以保障退休人士嗎？

082. 網民上傳短片的風氣係好定壞？

083. 對於網民上載短片的利與弊？

084. 對於內地資金流入香港，你有甚麼意見？

085. 人民幣升值，對於香港有甚麼的影響？

086. 人民幣升值，對於香港是「利多於弊」，你同意嗎？

087. 是否贊成「自由行」？

088. 對於現時「自由行」的睇法？

089. 「自由行」對於香港有甚麼的影響？

090. 「自由行」是利多於弊，你同意嗎？

091. 是否贊成大陸人嚟香港買樓嗎？

092. 增加「印花稅」，對於投機活動有甚麼的影響？

093. 如何睇政府派1萬元這個問題？

094. 對於財政預算案，發放抗疫津貼，你有甚麼意見？

095. 是否贊成發展新界東北？

096. 在發展新地區的時候，應該首先考慮哪些因素？

097. 是否贊成興建第三條機場跑道？

098. 香港興建機場第三條跑道，會有甚麼的影響？

099. 對於政府增建「居屋」又或者「公屋」有甚麼意見？

100. 對於施政報告提議增加新公屋及優化「置安心」，你有甚麼意見？

101. 你哋覺得，香港的領導人，應該要具備甚麼的條件？

102. 如何改善空氣污染的問題？

103. 如何幫助香港青少年置業？

104. 如何能夠提升政府的民望？

105. 如何解決中港矛盾的問題？

106. 如何紓緩中港矛盾的問題？

107. 如何解決香港貧窮的問題？

108. 如何解決香港貧富懸殊問題？

109. 如何可以提升香港的競爭力？

110. 如何可以增加香港土地供應？

111. 如何解決急症室爆滿的問題？

112. 如何解決香港房屋需求問題？

113. 如何解決香港人口老化問題？

114. 如何解決青少年酗酒的問題？

115. 如何解決青少年濫藥的問題？

116. 如何改善香港學童肥胖的問題？

117. 如何推動青少年參與義工服務？

118. 如何提高退休人仕的生活質素？

119. 如何可以解決到香港塞車問題？

120. 如何解決建造業人手不足之問題？

121. 如何可以改善私營安老院的質素？

122. 如何能夠促進少數族裔融入香港？

123. 如何解決香港骨灰龕位不足之問題？

124. 如何培養年青一代有良好的公民意識？

125. 如何處理香港青少年罪行上升的問題？

126. 如何可以減低市民濫用「公共醫院」的服務？

127. 如何解決「公營醫院」醫療人手不足的問題？

128. 如果輸入外國醫生，是否會影響醫院的運作？

129. 有社會人士建議政府，應該介入「私營醫院」的收費，你同意嗎？

130. 政府應否回購領展？

131. 政府應該支持社會企業嗎？

132. 政府復建居屋，你贊成嗎？

133. 政府應否取消「雙辣招」壓抑樓市？

134. 政府應否收回東、西隧道的經營權？

135. 政府應否延長「公務員」的退休年齡？

136. 政府應該如何增加「飲食業」的人才？

137. 政府應該如何面對人口老化所帶來的影響？

138. 政府推出「白表免補地價購買二手居屋計劃」，你認為是推高了樓價，還是幫助了置業？

139. 政府應否全面禁止香煙廣告？

140. 是否贊成在公眾地方全面禁止吸煙？

141. 試説全面禁煙的「好處」以及「壞處」？

142. 增加「煙草税」，是否可以減少吸煙的人數？

143. 政府應否全面禁止吸食「電子煙」？

144. 應否容許公屋住戶養狗？

145. 應否規管商舖租金？

146. 應否立法管制偷拍？

147. 社會急速發展，是否會掏空人的內心？

148. 科技急速發展，是否會掏空人得心靈？

149. 你同意父母可以選擇嬰兒的男女性別嗎？

150. 通訊軟件對於親子關係，是「利大於弊」，同唔同意？

151. 是否由祖父母/外祖父母所照顧的兒童，是較易被寵壞？

152. 停車熄匙是否應該一刀切實施？

153. 你同意成立「動物警察」嗎？

154. 若真係成立「動物警察」，有哪些行動建議呢？

155. 試討論成立「動物警察」的迫切性？

156. 槍械合法化，同意嗎？

157. 香港電車應否淘汰？

158. 香港有否被邊緣化？

159. 香港是示威之都嗎？

160. 示威遊行對於香港社會的影響？

161. 香港應否管制變性手術嗎？

162. 香港是否應該推行「銷售税」？

163. 香港人口老化，會為市場帶來哪些新的機遇？

164. 你覺得香港重視私隱嗎？

165. 你覺得香港人現在快樂嗎？

166. 你覺得香港值得驕傲的地方？

167. 你認為網上侵權行為是否嚴重？

168. 香港的大學教育已經普及化，同意嗎？

169. 香港的大學學位增加，會否因此降低香港的大學生質素？

170. 是否同意限制私家車輛的數目，就能夠有效改善空氣質素？

171. 你認為香港是否需要仿效外國的「道路收費計劃」，從而改善交通擠塞的問題？

172. 試討論香港是否忽略運動發展？

173. 是否支持同性婚姻？

174. 是否同意需要增設多條電視頻道？

175. 網絡視頻迅速發展，對於傳統電視業來說，是「弊多於利」？

176. 飲食日漸西化，是否引致肥胖的主要原因？

177. 是否同意香港政府推出的「優秀人才入境計劃」？

178. 基於服務質素下降以及車費不斷上升，港鐵應否轉交由政府營運？

179. 網上購物既流行，會對傳統的經濟模式有甚麼的影響，並且會帶來甚麼的機遇？

180. 除了立例規管日漸普及的醫療美容手術之外，還有甚麼的方法，可以防止市民受騙以及受損？

181. 你同意「滬港通」開通嗎？

182. 你同意「深港通」開通嗎？

183. 安樂死應否合法化？

184. 全港性綜合評估的利與弊？

185. 市民反應過激，是否就能夠帶來權益？

186. 韓流：對香港有甚麼的影響？

187. 試討論政府忽略的體育發展？

188. 香港未來經濟的發展方向？

189. 有人表示香港人沒有人情味，點解？

190. 香港人是否有公德心？

191. 金錢是快樂生活的保障嗎？

192. 你認為香港的快樂因素是否建基於金錢？

193. 香港人生活指數高，但快樂指數低，你地有甚麼想法？

194. 你是否同意為了大部份人的利益，就可以犧牲少數人的利益嗎？

195. 你認為網購是否會令到多了人失業？

196. 你認為民主選舉，會否影響政府的施政方案？

197. 分析免費報紙對於環境、經濟、文化的影響？

198. 郊野公園用地改作房屋用途，是否可行？

199. 應否效法外國減少私家車的數量，達至減排作用？

200. 香港的種族歧視，是否比其他的國家更加嚴重？

201. 香港政府應如何協助飲食業僱主，吸引人才加入飲食業？

202. 香港的經濟持續低迷，有甚麼方法可以振興經濟及本地旅遊業？

203. 推廣自行車代步，有人支持，亦有人覺不設實際，你的看法如何？

204. 現時司機濫藥情況嚴重，因此造成難以估計的交通意外，有甚麼方法
     可以阻止？

205. 在處理外地入境者，政府應否實施統一審核機制處理免遣返保護聲請？

5. 小組面試：成功個案分享

去到首先會有職員核對你的考生號碼，之後會話你知坐喺邊，之後等叫考生號碼就入房面試。

「小組面試」會分為A、B房，面試過程是全中文對答，不會使用英文。

我的一組分別有男考生及女考生，全組人當中的學歷有大學生、副學士、高級文憑、還有是毅進及中五學歷，而年齡分佈由比較年長至剛剛畢業的考生均有。

我的組別由兩位考官（阿Sir）負責，分別係「懲教主任」及「一級懲教助理」。考官非常有善，從而令到面試房間的氣氛變得融洽。

每人先會進行1分鐘「自我介紹」（我主要講述有關投考「二級懲教助理」的原因以及本人的學歷，時間就已經到，因此時間要控制得剛剛好。）

「自我介紹」的過程中，考生是沒有機會睇時間或者睇手錶，期間見到有些考生因為沒有做準備，所以需要即場「爆肚」；

亦有考生的「自我介紹」因為「太短」，還未曾夠鐘就已經「停頓」下來；但主考官是不會有任何的表示，而剩低的時間就要一直等到夠鐘，計時器響了先至會叫「停」，然之後才再叫下一位開始「自我介紹」。

此外，如果考生的「自我介紹」由於「太長」，未能夠在2分鐘之內完成，即是俗稱「超時」，考官會立即要求考生停止，然後交比下一位考生講「自我介紹」。

所以，設計「自我介紹」的長短是十分重要，因為如果「太簡短」，會令考官覺得你未必有做足準備，而且沒有好好利用給你的時間，浪費了推薦自己比考官的機會。

但如果「自我介紹」的時間「太長」，考官又會質疑你在時間控制方面是否適當、內容是否毫無重點與特色，加上太長時間的「自我介紹」，考官的集中力亦會下降。

除非你的自我介紹真係無可挑剔，令人讚不絕口；否則時間剛剛好已達標。

當所有考生完成「自我介紹」之後，考官就會講出「小組討論」的問題，今日我個組的題目是：「郊野公園用地改作房屋用途，是否可行？」

講完題目之後，考官會比考生有1分鐘沉默思考，於1分鐘後考官就會宣佈開始討論，每位考生平均會有大約2分鐘的發揮，時間自行控制。

在「小組討論」的過程之中，是不需要輪住編號作答，但當然建議大家不應該搶答、爭住答。期間考官只會聚精會神觀察各考生之表現，不會出聲或者作出任何的指示。

當聽到題目並且開始1分鐘思考期間，其實我腦海之中只有零碎的想法，所以只好耐心地等待，但當我聽到其他考生的意見之後，就配合之前考生的意見，然後再補充我個人的「見解」、「立場」及「建議」去講。

最後，整體全組考生的表現都十分平均，期間須然有考生比較文靜，不過亦都有作出發言。

6.「小組討論」的分享及心聲

— 考官一開始會對考生説要「公平」,每一位考生都應該要有機會發言,大家不應該搶答。討論期間,不應留意主考官,應要是望住其他考生發表意見。

— 過程中要考驗的,是考生的語言能力,説話內容是否有觀點和論證;因此,應要有條理地表達論點、有清晰立場就可以了。

— 期間,建議考生應該注意眼神、動作、流暢度、不應中英夾雜、聲線清晰、不應含糊;我個人覺得已經達到「小組討論」的要求。

— 過程中,考官會觀察考生是否有禮貌,以及尊重其他考生。

— 此外,考官在開始前已經表示,這是討論,而不是「辯論」,更加不是「批鬥大會」。

— 最後,各位考生應該緊記,加入懲教署成為「二級懲教助理」是為了維護香港社會的公眾安全和穩定打拼,並不是為了在「小組討論」期間與其他考生打拼。

第三關：能力傾向及基本法測試

1. 簡介

成功通過「小組面試」的考生，會收到電郵邀請出席「能力傾向測試」及「基本法測試」：

— 考試地點同樣是位於赤柱東頭灣道47號的「懲教署職員訓練院」舉行。

— 「能力傾向測試」的考試時間為60分鐘，考生需要在限時作答120條題目，即平均30秒便需完成一題。

— 「能力傾向測試」的題目種類繁多，包括：邏輯推理、數學推理、圖形推理、處境題目、性格測試，目的是要測試考生在各方面的能力、價值觀，更會分析其性格特徵及面對難題時的應變能力。

— 試卷中有30條題目，屬「性格測試」，數目佔整份試卷的25%；「性格測試」的問題，雖然只有簡單的一句句子，例如「你不會說謊？」但卻有6個答案給考生選擇，分別是由「非常同意」到「非常不同意」等。

由於「能力傾向測試」只會給予考生非常之短的時間作答，很多時候考生都未能在限時內完成作答。所以，考生一定要做好時間的管理，首先做了自己最有信心的部份，盡量在最短時間內，取得最高的分數。如果考生只努力順次序作答前面的題目，有機會沒有時間做試卷後半部份，相對上會簡單一點又或者是自己最擅長的題目，從而損失很多分數，甚至未能取得合格成績。

應考「能力傾向測試」的考生應緊記：開始時，先了解整張試卷的題目及分佈量，再平均分配時間。為了爭取更多答題時間，如果有題目太費時，例如已經花了1分鐘有多，並發覺一點頭緒亦沒有，就可先略過此題，待完成其他容易作答的問題後，才再作答。

因此，考生最好選擇先做容易的題目，不應投放大量時間在某條題目，必要時需放棄一至兩條太深的題目，以免導致試卷後半部份的題目沒時間作答。

2. 個人見解

「性格測試」的30條題目，相對是較簡單以及不需要花心思作答，所以考生應該第一時間首先作答，並且盡快完成此部分，從而減低壓力，然後再將時間應用於其他的問題上。

3. 能力傾向測試：題目範例

a. 邏輯推理題

題目1：土星　水星　火星　木星　（？）

題目2：西瓜　檸檬　榴槤　哈蜜瓜　蘋果　（？）

題目3：甲的年紀比乙大，丙的年紀比丁大，甲的年紀比丙大。以下哪項不能成立？（然後有幾個選項）

題目4：

姓名：陳大文

電話：12345678

性別：女

地址：RM 2409, 24F YY House, OO street, Kwun Tong, Kowloon

根據上述資料，以下哪項資料正確？

（a）姓名：陳小文

（b）電話：12345678

（c）地址：RM 2408, 24F YY House, OO street, Kwun Tong, Kowloon

b. 數學推理題

題目1:一個人在一間餐廳吃飯,吃了一碗飯花了328.1元,再叫一杯飲品花了38.7元,然後結帳要加一。那人最後該付幾錢?

題目2:每公斤的報紙賣3.95元,那麼4公斤的報紙可以賣到幾錢?

題目3:一個水塔,如果用A水閘,就可以於11分鐘將所有水排走。當使用B水閘,則需要18分鐘才能將所有水排走。如果同一時間將這2個水閘打開,那麼要用多少時間,才能將水塔內的水排走?

(註:測試過程中,是不可使用計算機)

c. 處境題

題目1:上司要求你出席一個十分緊急的會議,但途中你看見2名同事正在發生爭執,你會如何處理?

選項A:不去理會兩位同事,趕去開會。

選項B:不去開會,首先處理兩名同事的爭執。

選項C:處理爭執,但首先告訴上司不能如期出席緊急會議。

選項D:找其他同事處理爭執,自己則去開會,開完會後再作進一步處理。

題目2:一天,一名同事因發生了失誤,從而令公司失去了一個大客,事後經理對這名失誤的同事非常憤怒,並且用粗言穢語辱罵該名同事,並且同時辱罵其他下屬,如果你看見這情況,你會如何處理?

選項A:扮裝到看不見,因為上司罵下屬是對的。

選項B:立刻上前充當和事佬

選項C:打電話給經理,分散其注意力。

選項D:找合適的時候,在顧全對方面子下,向這位經理指出這樣是不對。

題目3：一天，你的上司指派你出席一個非常重要的宴會，要你為公司日後的業務結交朋友，但你只穿了便宜的西裝出席，當你到達時你發現其他客人穿了非常名貴的西裝，你會怎麼辦？

選項A：扮作不知道，繼續在會場結交朋友。

選項B：離開會場

選項C：在通知上司有關情況後，立即離開會場。

選項D：暫時離開會場，然後盡快買名貴的西裝，然後再進會場。

d. 性格測試題

001. 你很乖巧？

002. 你很勤力？

003. 你會經常笑？

004. 你會經常喊？

005. 你為人樂觀？

006. 你不會説慌？

007. 你積極進取？

008. 你喜歡冒險？

009. 你會經常幻想？

010. 你好奇心旺盛？

011. 你喜歡接受挑戰？

012. 你會遵守紀律？

013. 你會經常遲到？

014. 你是一個自律的人？

015. 你喜歡團隊的生活？

016. 你的興趣非常廣泛？

017. 你是屬於懶惰的人？

018. 你是性格穩定的人？

019. 你是腳踏實地的人？

020. 你是一個守時的人？

021. 你是會按時完成計劃？

022. 你是一個時間觀念很強的人？

023. 你是一個有自信的人？

024. 你處事具備專業精神？

025. 你是一個隨機應變的人？

026. 你會關心社會上弱勢的人？

027. 你喜歡幫助別人？

028. 你喜歡令人快樂？

029. 你是一個老實人？

030. 你是一個感性的人？

031. 你喜歡輕鬆、幽默？

032. 你是平易近人的人？

033. 你是思想開放的人？

034. 你是傳統保守的人？

035. 你是一個務實的人？

036. 你是一個熱情的人？

037. 你是一個冷靜的人？

038. 你是一個重感情的人？

039. 你是一個很理性的人？

040. 你喜歡學習新的事物？

041. 你喜歡接受新的事物？

042. 你會為許多事情憂慮？

043. 你有一個愉快的童年？

044. 你是一個精力充沛的人？

045. 你是一個有責任感的人？

046. 你是一個追求完美的人？

047. 你是一個浪漫主義的人？

048. 你是一個隨心所欲的人？

049. 你是一個有想像力的人？

050. 你會憑直覺去做一件事情？

051. 你會在心血來潮時，就立即去做一件事情？

052. 你喜歡臨場發揮的處事風格？

053. 你凡事均需要周密準備？

054. 你是一個喜歡解決問題的人？

055. 你容易被強烈的情感所影響？

056. 你喜歡從旁觀看別人怎樣做？

057. 你喜歡與人閒談？

058. 你喜歡閱讀書本？

059. 你經常與家人溝通？

060. 你喜歡與一群人交往？

061. 你擁有廣泛的人際圈子？

062. 你認為與人溝通是好事？

063. 你喜歡與其他人一起購物？

064. 你喜歡參加聚會？

065. 你喜歡留在家中，也不願意參加聚會？

066. 你喜歡一個人獨自享受空閒時光？

067. 你喜歡站在人群中不顯眼的位置？

068. 你會經常站在對方角度去思考？

069. 你可以和朋友建立和諧的關係？

070. 你很容易和他人成為朋友？

071. 你有很多知己朋友？

072. 你是一個隨波逐流的人？

073. 你是一個無憂無慮的人？

074. 你會經常堅持自己的立場？

075. 你會經常接受他人的意見？

076. 你會因為別人不同意你的意見而感到沮喪？

077. 你會尊重別人？

078. 你會理解別人的感受？

079. 你通常很體貼，會考慮到周圍的人？

080. 你凡事都有商量餘地的人？

081. 你能夠給予身邊的人安全感？

082. 你給人一種親切，溫暖的感覺？

083. 你遇到挫折，就會放棄的人？

084. 你在面對困難的時候，會抱著想逃避的心態？

085. 你受到挫折，仍能堅持到底的人？

086. 你凡事均會勇往直前，直至成功的人？

087. 你會追求更高的人生目標？

088. 你覺得人生必需要有夢想？

089. 你是力求進取的人？

090. 你喜歡清閒的生活？

091. 你喜歡無拘無束的生活？

092. 你喜歡輕輕鬆鬆的生活？

093. 你喜歡簡簡單單的生活？

094. 你喜歡發掘美好的東西？

095. 你是一個討厭束縛的人？

096. 不介意長時間獨自一人？

097. 你是一個孤獨的人？

098. 你喜歡我行我素？

099. 你會用理智的角度去理解事物？

100. 你試過不問自取（一支鉛筆也算）？

101. 你是傾向凡事都持科學的態度？

102. 你試過做壞事？

103. 你具有領導才能？

104. 你經常是團體中的領袖？

105. 你喜歡當掌控大局的人？

106. 你喜歡掌權的職位？

107. 你具有策劃的能力？

108. 你習慣去領導別人？

109. 你是一個很主動的人？

110. 你會將事情變得複雜化？

111. 你是一個會挺身而出的人？

112. 你是需要較長時間才能作出決定？

113. 你喜歡行事謹慎？

114. 你是樂觀主義者？

115. 你喜歡享受生活？

116. 你總是充滿活力？

117. 你對未來滿懷熱忱？

118. 你討厭人們逃避現實？

119. 你經常面對壓力？

120. 失敗會令到你難過？

121. 你很努力糾正自己的過失？

122. 每天晚上，你會反省當日所做的事情？

123. 你會怪責自己沒有把事情做得好些？

124. 你喜歡用低調方式處理事情？

125. 你會隱藏自己的真實性格？

126. 你是一個有惻隱之心的人？

127. 你喜歡把物件收拾得井井有條？

128. 你會根據事情的輕重緩急妥善安排時間？

129. 你認為外表是很重要？

130. 你會覺得金錢是十分重要？

答案選項：
A 非常同意；B 同意；C 有些同意；D 有些不同意；E 不同意；F 非常不同意

4. 基本法測試

- 為提高大眾對《基本法》的認知,以及在社區推廣學習《基本法》風氣,所有公務員職位申請者,包括「二級懲教助理」,均須接受《基本法測試》。

- 投考「二級懲教助理」的考生,如果能夠獲邀參加「能力傾向測驗」,會被安排於「能力傾向測驗」當日接受《基本法測試》。

- 投考「二級懲教助理」的考生,在《基本法測試》的表現,會用作評核其整體表現的其中一個考慮因素。

- 《基本法測試》是一張設有中英文版本選擇題形式試卷,全卷共15題,投考者須於25分鐘內完成。

- 《基本法測試》並無設定及格分數,滿分為100分,有關成績永久有效。

- 投考「二級懲教助理」的考生,如曾參加由其他招聘當局/部門安排或由公務員事務局舉辦的《基本法測試》,可獲豁免再次參加《基本法測試》,並可使用之前的測試結果作為《基本法測試》成績。

- 投考人如欲使用過往曾經在《基本法測試》中所考取的成績,其必須出示《基本法測試》成績通知書正本,有關成績才可以獲得認可。

- 投考人亦可以選擇在參加「能力傾向測驗」之後,再次參加《基本法測試》,而在這種情況下,懲教署則會以投考人在投考目前職位(即「二級懲教助理」)時所取得的《基本法測試》成績為準。

- 《基本法測試》的方式,會因應不同公務員職位的學歷要求而訂;投考「二級懲教助理」的考生,是屬於「學歷要求於中五程度或以上,但低於學位程度」的公務員職位,會透過筆試測試應徵者對《基本法》(包括所有附件及夾附的資料)的認識。

- 有關《基本法測試》的內容、參考題目以及常見問題,均可以瀏覽公務員事務局的網頁以作參考。

備註：

由於《基本法測試》的內容是涵蓋整本《基本法》，而《基本法》包括以下章節：

a. 《基本法》正文，包括九個章節，160 條條文

b. 附件一，訂明香港特別行政區行政長官的產生辦法（文件一至二）

c. 附件二，訂明香港特別行政區立法會的產生辦法和表決程序（文件三至四）；及

d. 附件三，列明在香港特別行政區實施的全國性法律（文件五至二十七）

準備參與《基本法測試》的考生，應該先到《基本法》網站，下載《基本法》的完整版本，同時亦可以下載《基本法》測試練習的流動應用程式（App），測試自己對基本法的熟悉程度。

考生應該在應試前三個月開始做準備，每天用少許時間把《基本法》如同閱讀書本一樣，將內容重覆細看，並在空檔時間裡，用《基本法》的流動應用程式（App）進行模擬測試，透過不斷重複的練習，應該能夠讓考生提升對《基本法》的認識，作出最佳表現。

第四關：最後面試

1. 簡介

通過「小組面試」的申請人將獲邀出席「最後面試」：

－ 有關申請人必須按邀請電郵內列明的日期及時間出席「最後面試」。

－ 如申請人缺席「最後面試」，其申請將作放棄論。

－ 如屬上述情況，懲教署會即時終止處理其是次「二級懲教助理」職位申請而不會另行通知。

－ 出席「最後面試」時，申請人必須出示學歷證明文件的正本並提供副本一份，以證明其學歷及語文能力符合「二級懲教助理」職位的入職條件。

懲教署職員訓練院

懲教署職員訓練院

二級懲教助理的招考程序在此進行

2. 精選歷屆「自身題」

01. 你覺得作為一個「二級懲教助理」，究竟應該要具備甚麼「質素」？

02. 你覺得自己有甚麼「能力」，勝任懲教署「二級懲教助理」的工作？

03. 你覺得自己有甚麼「特質」，適合成為「二級懲教助理」？

04. 點解你會覺得自己適合成為「二級懲教助理」？

05. 你上次投考「二級懲教助理」失敗，今次又準備了甚麼參加面試？

06. 你自言好有誠意投考「二級懲教助理」？不如講講作了什麼準備？

07. 如何看到你有投考懲教署，成為「二級懲教助理」的決心？

08. 你是如何準備投考「二級懲教助理」？準備了多久？

09. 點解你要投考「二級懲教助理」？

10. 點解現在才投考「二級懲教助理」？

11. 為何你會忽然想做「二級懲教助理」？

12. 有無投考其他紀律部隊？

13. 為何申請其他紀律部隊？

14. 為何該支紀律部隊不聘用你？

15. 既然其他紀律部隊都不聘用你，那我為何要請你？

16. 如果有其他紀律部隊決定聘請你，你是否不會再繼續投考「二級懲教助理」呢？

17. 為何要投考懲教署「二級懲教助理」，而不去嘗試投考其他紀律部隊，例如警隊或消防員？

18. 你係大學畢業生，為何不直接投考「懲教主任」，而要投考「二級懲教助理」呢？

19. 你在大學學到什麼東西，且可以應用在「懲教署」的工作上？

20. 你有無想過，將來在「懲教署」會有甚麼發展空間？

21. 你覺得成為「二級懲教助理」後，需要多久才能升職？

22. 你覺得自己有甚麼優點和缺點？

23. 請講出你自己3個優點和3個缺點？

24. 講吓有甚麼優點或特別技能，令我一定要請你？

25. 你覺得自己有甚麼不足之處，以及有甚麼改善空間？

26. 為何你畢業後，沒有找工作？期間做過甚麼事情？

27. 為何你畢業後，只做兼職工作，而不去「正正式式」找全職工作？

28. 為何不做之前那份工？

29. 為何失業那麼長時間？

30. 為何你做過那麼多份工作？難道你喜歡轉工？

31. 在你失業這6個月中，你在家中做什麼？為什麼不找一份工作？

32. 你現時的工作，做成點呀？每月賺到幾多錢？

33. 你從工作之中學到甚麼？

34. 你有無信心承受「二級懲教助理」這份工作所帶來的壓力？

35. 你有無想過，作為「二級懲教助理」預期將會面對甚麼困難？

36. 你覺得自己現時的工作，跟「二級懲教助理」的工作有甚麼關係？

37. 你之前的工作好嗎？是否穩定？每天需要工作幾多小時？

38. 為何做了那麼多年文職，突然間想要轉做「二級懲教助理」？

39. 你返朝9晚5的文職，你的體力如何應付「二級懲教助理」這份工作？

40. 你以往的工作經驗都只是文職，跟今次投考「二級懲教助理」的職位、工作性質完全不同。如果真的聘請了你，返學堂一定好辛苦，更要從低做起，你會如何面對？

41. 你在會所工作，面對的人客都屬於高尚且有禮貌的人，但監獄內多數都是紋身漢，及滿口粗言穢語的人，對此你有甚麼看法？

42. 你做過兼職救生員，工作性質跟「二級懲教助理」的工作沒有直接關係？
（追問為何在填寫G.F.340的時候，並沒有填寫任何的工作？再追問在「自我介紹」時，曾經話做救生員，同泳客有溝通，從而顯示出自己有溝通的能力？但是在泳池擔任救生員，如何可以能夠同泳客有溝通呢？如果救生員可以能夠經常同泳客有溝通，咁售貨員咪同人客重多溝通？）

43. 假如考不到「二級懲教助理」，你會有什麼打算？

44. 現在我給你半分鐘，你嘗試説服我，為什麼要請你，卻並非其他人？

45. 平時有甚麼嗜好？

46. 簡單介紹一下家人？

47. 講你的學歷給我知？

48. 點解要讀毅進，同埋讀毅進學到什麼？

49. 你毅進係讀甚麼課程？對於投考懲教署有甚麼幫助？

50. 你話毅進畢業並且攞獎學金，如何才可以攞到獎學金？獎學金有幾多錢？你如何運用獎學金？

51. 有無想過繼續去進修？你覺得進修可以有甚麼作用？

52. 你表示將來想繼續進修，那你想修讀甚麼課程？

53. 假如你能夠成為一位「二級懲教助理」，你會如何做好呢份工？

54. 你年紀這樣小（女孩子），如何可以勝任「二級懲教助理」這份工作？

55. 如果「懲教署」真係請了你，你覺得會有甚麼事情係應付不到呢？

56. 你有無做過義工？幾時開始做義工？有甚麼實際例子？

57. 你有無做過制服團隊？從制服團隊之中，學到甚麼事情？

58. 你投考「二級懲教助理」，其實係咪只為人工？

59. 你有無朋友做「懲教署」？對方有無講有關「懲教署」的事情給你知？

60. 懲教是多支紀律部隊之中，最辛苦的一支，你做好心理準備嗎？

61. 「二級懲教助理」的工作其實好辛苦，你考慮清楚沒？

62. 如果你成為「二級懲教助理」，但要到離島上班，你會怎樣做？

63. 你在「自我介紹」時表示，懲教署係保護香港大眾安全。為什麼你會有這種想法？你又會如何做到？

64. 你喜愛做甚麼運動？有無參加任何公開比賽？

3. 精選歷屆「懲教署」部門問題

01. 懲教署的「抱負、任務及價值觀」？

02. 懲教署的「價值觀」之中的「專業精神」是甚麼？

03. 你可以如何發揮「專業精神」這個價值觀？

04. 你可以如何看待懲教署價值觀入面的「堅毅不屈」？

05. 懲教署的署長是誰？

06. 懲教署的副署長是誰？

07. 懲教署4位助理處長管理甚麼範疇的工作？

08. 懲教署的架構，盡量講出嚟？

09. 懲教署有幾多職員？

10. 懲教署有幾多間院所？

11. 懲教署有幾多種院所類別？

12. 懲教署有哪些院所是負責收押男性在囚人士？

13. 懲教署有哪些院所是負責收押女性在囚人士？

14. 懲教署有哪些院所是負責收押年輕在囚人士？

15. 懲教署的「高度設防院所」有哪幾間？

16. 懲教署的「中度設防院所」有哪幾間？

17. 懲教署的「低度設防院所」有哪幾間？

18. 懲教署的「更生中心」有哪幾間？

19. 懲教署的「中途宿舍」有哪幾間？

20. 懲教署的「羈留病房」有哪幾間？

21. 懲教署在「港島區」有幾多間院所？

22. 懲教署在「九龍區」有幾多間院所？

23. 懲教署在「離島區」有幾多間院所？

24. 你屋企最近的懲教署院所，是哪一間？

25. 大嶼山有哪些懲教的院所？

26. 男性「高度設防監獄」在哪裡？

27. 女性「高度設防監獄」在哪裡？

28. 「二級懲教助理」的職責是甚麼？

29. 「二級懲教助理」當值時，會做甚麼事情？

30. 有無看過懲教署網頁？如有，看過哪些內容？

31. 有無看過懲教署有份參與的電視節目？

32. 你有沒有看過《鐵窗邊緣》？

33. 《鐵窗邊緣》共有多少集？

34. 《鐵窗邊緣》的內容是甚麼？

35. 看了《鐵窗邊緣》後，你有甚麼得著？

36. 你有沒有看過《談懲説教》？

37. 《談懲説教》總共有多少集？

38. 《談懲説教》的內容是甚麼？

39. 看了《談懲説教》後，你又有甚麼得著？

40. 懲教署流動應用程式有甚麼功能？

41. 你有沒有安裝懲教署的手機App？

42. 甚麼是「亦懲亦教」？

43. 你對於懲教署有甚麼認識？

44. 在香港法例中，哪些法例是與懲教署有關？

45. 香港法例第234章《監獄條例》有甚麼內容？

46. 香港法例第234A章《監獄規則》有甚麼內容？

47. 香港法例第239章《勞教中心條例》有甚麼內容？

48. 香港法例第244章《戒毒所條例》有甚麼內容？

49. 香港法例第280章《教導所條例》有甚麼內容？

50. 香港法例第567章《更生中心條例》有甚麼內容？

51. 監獄處改名為「懲教署」，究竟當中有甚麼意義？

52. 你知不知懲教署有做「更生事務」？甚麼是「更生事務」？

53. 你可否給我一些建議，令「更生人士」在離開監獄後不再犯事？

54. 講吓「懲教署」的13種工業種類？

55. 你對於「區域應變隊」有甚麼認識？

56. 你對於「工業及職業訓練組」有多少的認識，盡力講出嚟？

57. 懲教署「押解及支援組」是負責哪些職務？

58. 懲教署有一個部門叫「服務質素處」，試講吓你對此部門的了解？

59. 你覺得「懲教署」的工作是否「沉悶」？

60. 嘗試列舉一些你熟悉的罪行，而該罪行是會安排在哪級別的法庭受審？

61. 香港有哪些法庭，需要懲教署負責押解在囚人士出席屬聆訊？

62. 你覺得懲教署的「保安」、「鎖匙」、「管理」、「自身安全」，哪樣最重要？

63. 甚麼是「愛群」？

64. 甚麼是「視像探監」？

65. 甚麼是「思囚之路」？

66. 甚麼是「綠島計劃」？

67. 甚麼是「更生先鋒計劃」？

68. 甚麼是「更生先鋒領袖」？

69. 甚麼是「懲教圍牆內望系列」？

70. 有沒有看過「懲教圍牆內望系列」？

71. 懲教署於何時推出「懲教圍牆內望系列」？

72. 「懲教圍牆內望系列」共有多少集？

73. 「懲教圍牆內望系列」的內容是甚麼？

74. 「懲教圍牆內望系列」有甚麼專題？

75. 甚麼是「隨身攝錄機」？

76. 「懲教署」於何時試行使用「隨身攝錄機」？

77. 現時「隨身攝錄機」已於哪裡使用？

78. 「隨身攝錄機」是協助懲教署職員，處理日常工作中哪些特定事件？

79. 透過「隨身攝錄機」攝錄獲得的有效錄像，可以為哪些事情提供資料？

80. 在囚人士可以看甚麼刊物？

81. 還押人士可以獲得親友交來的哪些物品，盡量講？

82. 《曉角》、《勵言》、《角聲》、《彩虹報》是甚麼？

83. 你知道如何前往喜靈洲嗎？

84. 你知不知入學堂的薪酬有多少？

85. 你知不知現時「二級懲教助理」起薪點及頂薪點是多少？有何福利？

86. 你對於「懲教署」如果私有化，有甚麼意見？

87. 你如何能夠做到與同事之間融洽相處？

4. 精選歷屆「處境題」

01. 你覺得如何才能減少犯人攜帶毒品進入監獄的情況呢？

02. 你覺得如何才能打擊犯人的非法賭博活動？

03. 假如有犯人屈你，向你作出投訴，你會點做？

04. 假如有犯人不斷向你講粗口，你會點做？

05. 假如有犯人在飯堂打尖，你會點做？

06. 假如你比犯人挑釁，你會點做？

07. 假如有犯人不聽話，你會點做？

08. 假如有犯人不肯工作，你會點做？

09. 假如你知道你的上司欠債，你會點做？

10. 假如上司有不合理的要求，你會點做？

11. 假如你上司要你做違法的事情，你會點做？

12. 假如你在天氣炎熱的中午，要帶一班犯人步操，你會有何準備？

13. 假如你要帶了犯人去廁所，但之後個犯人失蹤，你會點做？

14. 假如你需要搜一個犯人的身，但沒有任何支援，期間犯人不許你搜身，你會如何做？

15. 你係大學生，而同事以及犯人的學歷可能都比你低，如果佢哋對住你講粗口，你會點做？

16. 假如將來請了你，並且正式成為懲教署職員之後，在宿舍休息的時侯，你覺得你會做甚麼呢？

17. 如果你在受訓期間，要搭直升機去一個地方降落，但當時直升機降落不到，你會點做？

18. 假設你與另一位「二級懲教助理」一同看管100名犯人，突然之間有10個犯人準備打鬥，你會點做？

19. 假設現在有30個犯人，如果你需要作一個廣播，要求在囚人士靜一靜聽你講，但是沒有犯人願意聽你講，你會點做？

20. 假設你負責看管一個30人的監倉，但當中年齡層的分佈是由30-60歲，而且其中有1個犯人已經是59歲，你會如何負責看管這個監倉呢？

21. 假如有一天，你放工後去餐廳用膳，你認得個服務員原來是曾經係被你監管過的犯人，你會如何做？你之後是否還會再到這間餐廳？

22. 你覺得懲教署值不值得，繼續投放資源係一的經常重複再犯罪的犯人身上面呢？

23. 假如街上有2個路人打交，你會點做？

5. 精選歷屆「時事題」

01. 今日有無看報紙？

02. 今日報紙頭條是甚麼？

03. 今日報紙有甚麼特別的新聞？

04. 最近有甚麼新聞是有關於懲教署的？

05. 最近有甚麼新聞是有關於民生問題？

06. 講一則最近期，而且亦係你最留意的一宗新聞？

07. 政府的3司13局之名稱？

08. 創新及科技局於何時成立？

09. 創新及科技局局長是誰人？

10. 特首選舉將近，你有甚麼意見？

11. 上一任終審法院首席法官是誰？

12. 現任終審法院首席法官是誰？

13. 天文台台長是誰？

14. 保安局局長是誰？

15. 你對於政府「一萬圓現金發放計劃」，有甚麼看法？

投考「二級懲教助理」：
成功例子

成功個案 1

我是於香港科技專上書院（HKIT）完成「懲教實務毅進文憑」的學員。教導我們的導師是仇志明（本書作者）先生。課程中，我們學到很多有關投考「二級懲教助理」的投考知識，使我獲益良多，倍添信心。

由於「二級懲教助理」全年均接受申請，於是我一畢業後，就到公務員事務局互聯網站應徵「二級懲教助理」。之後就收到懲教署招募組的電郵，電郵內有投考者的考生編號、全名、考體能測試的日期、考體能測試的地點（即懲教署職員訓練院赤柱東頭灣道47號）等資料。緊記考體能測試能當日，你<u>必須要記住考生編號</u>。

1. 投考過程：體能測試

考體能測試當日，我穿著運動衫同波鞋，提早15分鐘到達赤柱即懲教署職員訓練院。到考試的時間，有一名懲教署職員帶領各考生入去排好隊，之後再帶各考生入去考試場地擺放大家的財物，然後自己做熱身並且等候呼叫考生編號。當叫到你的<u>考生編號</u>之時，就要立即回應考官及排隊，當時係安排5個考生排一條隊；排完隊之後，懲教署的考官會帶你入去做體能測試。

a. 第一項體能測試：仰臥起坐1分鐘

開始前考官會手拎計時器，當考官叫你開始時，你才可以開始做，過程中手要掂膊頭，唔可以用手去扯住件衫借力，會有一個木比你勾住對腳，雖然佢

會叫你唔好扯住件衫/手唔好離開膊頭,但過程之中自覺幸運,因為我有時的動作並不是完全正確,但考官亦都照計算我這一下的「仰臥起坐」。

當考完「仰臥起坐」,考官會帶領返你地出去剛才擺放大家財物的地方,然後第二批考生就會進入考試場地進行測試。當各批考生均完成後,考官會再次叫考生的編號,安排進行第二項體能測試。

b. 第二項體能測試:穿梭跑9米X10次

測試於室內場地進行,由於場地有打蠟,所以都真係「好跣」,考生最好穿著一對新鞋/跑鞋/啜地嘅既鞋,如果唔係真係會「跣親」。同樣直至所有考生完成測試;考官又再次開始計分,與之前一樣,如果唔夠分的考生,會被叫名離開。

c. 第三項體能測試:俯撐取放30秒

考官會要求「俯撐取放」時個身要直,唔可以屈向地下,唔可以掉豆袋。當考完後,考官會帶領你返回原位,直至所有考生完成為止。

此時,考官會開始計分,假設某一位考生,就算之後的三關體能測試都能夠通過並且取得5分,但係都依然未能符合總分最少要有15分的要求的話,佢就會叫你個名,你就可以執拾自己的財物離開考試場地,意思即是「未能」通過體能測試;但如果考官沒有叫你個名,就即是你暫時是「合格」。

d. 第四項體能測試:立地向上直跳3次試跳

首先排隊進入考試場地,考官會叫考生企直整個人,然後拉直你隻手量度手的高度,之後再叫你用手指抹一抹白色的粉末,再返回你準備跳高的位置;當考官叫你可以開始跳的時侯,考生才可以「跳」,測試總共有三次試跳的

Chapter 2 投 考 必 備 攻 略

機會,考官會計算你最高的那一次成績。最後,直至所有考生完成測試;考官開始再次計分,同樣如果唔夠分的考生,會被叫名離開。

e. 第五項體能測試:800米跑

最後,就會進行800米跑,於室外石屎地的運動場進行,考官會將不同顏色的跑步背心分派比考生穿著;當考生穿著跑步背心後,會有多位考官拎住計時器,負責替各位考生計時。我當時係四位考生一齊進行800米跑的測試。同樣直至所有考生完成測試;考官又再次開始計分,與之前一樣,如果唔夠分的考生,會被叫名離開。

2. 投考過程:小組面試

順利通過「體能測試」取得合格分數的考生,可以跟考官去換衫,準備進行「小組面試」。緊記要換西裝,包括要著埋外套,因為呢個係一種尊重,亦會影響考官對你的感覺。

當換完西裝,會入一間房,考官會派發一個號碼比你,個號碼係代表你坐第幾個位,然後考官會帶你入面試的房間,進入房間前緊記敲門,考官會叫你坐低,你會有1分鐘的「自我介紹」時間。

之後考官會在擺放了多個信封之枱上,去抽出其中的一個信封,然後打開此信封,原來「小組討論」的題目就是在信封之內;當時考官會即時讀出「小組討論」題目兩次,並且給予一分鐘的時間讓考生去思考,緊記不要粗心大意,導致對「小組討論」的題目理解錯誤,俗稱「會錯意」,從而在開始討論之時,出現「尷尬」又或者「離題」的常見情況,令考官留有負面的感覺,甚至影織得分。

其後,就會根據我們的人數,去給予適當的時間讓大家進行「小組討論」,當完成「小組面試」後,考官會帶你離開考試場地,回家等待電郵。

3. 投考過程：能力傾向測試、基本法知識測試、最後面試

稍後收到由懲教署招募組發出的邀請出席電郵，當中包括：「能力傾向測試」、「基本法知識測試」及「最後面試」。

有關申請人必須按邀請電郵內列明的日期及時間出席該測試。如申請人缺席「能力傾向測試」及「最後面試」，其申請將作放棄論。懲教署會即時終止處理其是次【二級懲教助理】職位申請而不會另行通知。

出席「最後面試」時，申請人必須出示學歷證明文件的正本並提供副本一份，以證明其學歷及語文能力符合【二級懲教助理】職位的入職條件。

a. 能力傾向測試

當日，我先進行「最後面試」，之後再考「能力傾向測試」及「基本法知識測試」。

我印象之中「能力傾向測試」有百幾題，當中有十幾題係「數學題」，但係唔可以使用計數機計算，另外亦有「圖形題」，最後係有一百多條的「性格測試題」。建議考生唔識就要撞答案，因為時間都幾趕；如果考生之前已經考過《基本法知識測試》則無須再進行要測試，考生可以考完「能力傾向測試」後，離開考試場地，再回家等待進一步的消息。

b. 基本法知識測試

而《基本法知識測試》是一張設有中英文版本的選擇題形式試卷，全卷共設15題，考生須於25分鐘內完成。《基本法知識測試》並無設定及格分數，滿分為100分。

c. 最後面試

成功通過「最後面試」後，考生會收到Vetting Briefing的電郵，當日去懲教署總部（港灣道12號灣仔政府大樓23樓懲教署總部聘任分組）聽Briefing。考生當日需穿西裝，職員會再次與投考人核對學歷，之後再教你填寫GF200（即品格審查表格Vetting Form），最後排隊揀時間交回GF200。但由於當時疫情嚴重，所以最終以郵寄方式將GF200寄回懲教署總部聘任分組。

4.「最後面試」實況

以下是當日「最後面試」的情況：（下面的「官」代表「主考官」）

官：首先用2分鐘自我介紹？

我：自我介紹的2分鐘，主要講出點解想做【二級懲教助理】

官：你如何準備今次的面試？

官：你試講出懲教署的抱負、任務同埋價值觀？

官：你知唔知懲教署有幾多個懲教院所？

官：你試講出懲教署區域應變隊的工作？

官：二級懲教助理有哪些職責？

官：懲教署有甚麼刊物，你有沒有看過？

官：你知唔知公務員事務局局長係邊個？

官：你有甚麼優點同缺點，每樣講三個？

官：懲教院所不可以使用電話，你可以接受嗎？

我：無問題，我以往的工作都唔可以用電話，而且我認為工作時工作。

官：咁你知唔知懲教署的返工地點是十分偏遠的，你可以接受嗎？

我：我之前都試過住天水圍，在筲箕灣工作，來回都需要兩個多小時。

官：懲教院所最遠的地點，可能需要四小時來回，你可以接受嗎？

我：我認為工作地點喺邊度，我都接受，因為我認為懲教工作十分有意義。

官：咁你對於留宿訓練有甚麼睇法？

官：如果有個囚犯，話要多張被，又話腰痛要多個枕頭，如果你唔比就撞牆，你會點樣處理？

官：如果你帶期數的時候，有一個囚犯突然之間心臟病發，但同一時間，又有兩個囚犯打交，事後你會點做？

官：今日面試已經完成，考生可以離開。

我：Thank you Sir & Thank you Madam。

成功個案2

光陰似箭、日月如梭，在疫情濃罩下，終於在赤柱職員訓練院順利完成「二級懲教助理」的訓練，這不是一個終結，而是一個新的開始，在派駐的院所工作，接受新的挑戰，視懲教署工作為終身職業。

回想起當初，由於經濟情況疲弱，所屬行業日漸式微、就業不足，而且待遇、福利等等方面，均未如理想，因此作出了一個重大的抉擇，只好暫時放棄了多年的工作，重拾書本，希望獲得一份穩定的工作和收入，並可以長遠發展的事業，於是向「二級懲教助理」這個方向出發。須然當中是要克服很多困難以及重重的障礙，但我希望能夠圓成自己的心願。

為了達成人生目標，在朋友的推薦下，我選擇到香港科技專上書院修讀「懲教實務毅進文憑課程」，以獲取相關學歷。憑著課程老師「前懲教署總懲教主任仇志明先生」的悉心教導，令我認識真實的懲教署工作、掌握最新的遴選程序、體能測試準則、二級懲教助理的面試要訣等。

在經過一年的恆心和毅力，終於完成「懲教實務毅進文憑課程」，我便展

開人生另一階段，向投考二級懲教助理的人生目標出發。最後，我終於願望成真，獲聘為二級懲教助理，艱苦努力沒有白費，亦沒有令我的家人和仇Sir（本書作者）失望。

我想在此再次多謝仇Sir的悉心教導及培訓，以下是分享我投考「二級懲教助理」的實況：

1. 過五關，斬六將

二級懲教助理的遴選程序包括體能測驗、小組討論、能力傾向測試、基本法知識測試及最後面試，可謂經過「過五關，斬六將」才成功進入赤柱職員訓練院受訓，可算是一件不易之事。

a. 投考第一步：網上申請

本人於畢業後，透過網上填妥GF340表格申請二級懲教助理一職，成功遞交表格後，大約3星期便收到進行體能測試之電郵通知。

為讓整個網上填表過程順暢，各位申請人可以預先準備所需資料，如學歷、證書、技能及工作經驗等資料。

b. 第一關：體能測試

還記得當天上午我與50多人一同參加體能測試，到場進行登記及更衣，經簡單介紹示範後隨即分批進行體能測試。

第一項：仰臥起坐（1分鐘）
第二項：穿梭跑（9米X10次）

第三項：俯撐取放（30秒）

第四項：立地向上直跳（3次試跳）

第五項：800米跑

c. 第二關：小組討論

順利過關後，隨即進行下一個環節，即「小組討論」。

本人認為機會只留給有準備的人，這說法是對的，在體能測試這個項目中，考生們往往自信心太強，輕視體能測試前的訓練。在以上五個項目中，「9X10米穿梭跑」是相對淘汰最多人的一個環節，原因很多考生在試前未有於合適場地作訓練或測試，而致勝關鍵是「鞋」，因場地室內木地板較滑，而穿著合適的「鞋」將可能因為「跣倒」的機會減到最低。

是次不夠30人能夠成功過渡體能測試，之後便進入小組討論環節。

由於時間緊迫，大家需要快速更衣，隨即進行每組大約7至10人的「小組討論」。在考試房間內，坐位以弧形排列面向4名考官。大家坐好後，考官簡單講解考試規則，考試便開始。

是次「小組討論」中，考生首先順序每人作1分鐘的自我介紹，如自我介紹超時，考官會即時停止該考生的自我介紹。當所有考生均自我介紹完畢後，便即時進行小組討論，考官會在四個裝有考試題目的信封中，抽取其中之一個，在正式小組討論前，大家會有大約2分鐘思考題目，然後作20分的討論，平均每人有兩分鐘的發言時間。

我組抽到的題目是「如何促進少數族裔融入社會？」，這算是抽到好簽，因為題目較為生活化，有較多空間發揮，在20分鐘裡，我的組員踴躍發言之餘，同時也會兼顧給其他考生發言。

在小組討論完畢解散時，我們數十位考生更建立了一個通訊群組，互相分享

有關遴選的資訊以及最新消息。

畢竟「小組討論」講求團隊精神，不論討論結果有否共識，在過程中需要尊重對方，記得仇Sir的教導是小組討論，而不是小組辯論，過程中應要講出重點，即所謂「中Point」，不應花時間兜圈。至於過份的個人表演可能會帶來負面感覺，過長的發言亦會造成壟斷他人發言的機會，甚至影響考官對整組的評價，而我組當中的一位考生由於過份吹噓，能力遠遠超出所及，自始未有再見到他的踪影，而其餘考生則順利過關。

是次「小組討論」完畢後約兩星期，我便收到最後面試的電郵通知。

d. 第三關：最後面試

收到電郵通知我兩星期後，到赤柱懲教署職員訓練院參考「最後面試、能力傾向測試以及基本法測試」。當時我的心情既興奮，能夠進入學堂受訓機會又邁進一步，但又十分之緊張，並且幻想當天考試的情景所面對的壓力。

因事前已經有充足的時間去準備，故這兩星期裡不需要臨急抱佛腳地去應付，只要管理好溫書、作息、飲食、運動的時間便可以。

到了「最後面試」當日，真正的挑戰才正式開始。當天考試有考生是首先先進行最後面試，然後再進行能力傾向測試及基本測試；但有些卻是相反的，會先進行「能力傾向測試及基本法測試」，然之後才進行「最後面試」。

而我則是首先進行「最後面試」，在登記時提交學歷及相關資料之後，便安排坐下，等候到三間面試房的其一間進行最後面試，相信每位考生到這刻心情也會緊張起來。輪到我進入面試室的時侯，進入房間前當然要有禮貌的敲門，進入後在門邊先向各位考官説早晨，報上考生編號及姓名，行到坐位旁邊，待考官指示坐下，我才説聲Thank you sir然後坐低。

4位面試考官簡單介紹後，考試隨即開始，整個最後面試過程大約20分鐘左右。其中一位考官首先向我説，請用三分鐘時間介紹自己，當我一聽見3分鐘，比起一般的2分鐘自我介紹略長，反應是臉不改容的用心去冷靜處理，幸好我事前準備了兩個版本的自我介紹，經腦子即時剪輯，即時暢順地演説，時間控制方面與心裡打數只相差十多秒，最後考官亦點頭授受，相信考官所考的不是時間，而是遇到突發事情下怎樣的應對。

2. 答題環節

自我介紹後，然後進入答題環節，4位考官分別圍繞著個人、時事、懲教署部門知識及情景題去發問，作為年長的我，由於工作經驗及人生經歷比一般考生多，考官對我的過往比較感興趣，主要圍繞著我過往工作與懲教署的關連而發問，有關問題如下：

01. 請介紹你過往的工作？

02. 你的過往工作的性質與投考懲教署有甚麼關係？

03. 為甚麼你畢業後，工作了十多年，現在才投考懲教署的工作？

04. 你對上的工作，是作為上司負責管人，但日後於懲教署要重低做起，你會怎樣適應？

05. 你在全職修讀毅進文憑這一年裡，你沒有工作收入，怎樣生活？

06. 如果比你入學堂，你是否能夠應付學堂的各種訓練，例如體能訓練？

07. 如果今次唔請你，你會點？

08. 最近有甚麼時事新聞，是與懲教署有關？

09. 懲教署對在囚人士及職員方面，有甚麼可以改善？

10. 在囚人士可以接收哪些物品，盡能力講？

11. 甚麼是「智慧監獄」？

12. 甚麼是「建立更安全及共融社會的四個主要成功因素」？

13. 當派飯時有囚犯打交，你在場，但與你關係非常好的同事剛好在事發時睡著覺，事後你會怎樣做？

14. 如果有一個囚犯是終身監禁，由於沒有機會離開，所以佢完全唔聽你話，你會點樣處理？

我有信心流暢地回答，當計時鬧鐘響起，考官未有暫停，反而指示繼續，在整個過程中我在認真回答問題同時，考官亦有分享他的見解，使整個最後面試氣氛得以放鬆。步出面試房間一看，不經不覺過了20多分鐘，沒別人想像中入房捱打的說法。

等齊所有考生之後，繼續進行第四關的「能力傾向測試」及第五關的「基本法測試」，真是所謂過五關，斬六將。

最後面試完畢後不到2星期，便收到「品格審查通知書」，之後亦收到「身體檢查通知書」。

3. 有關小組討論及最後面試的建議

在投考前，考生應預備一分鐘、兩分鐘甚至三分鐘的自我介紹，內容以懲教署的抱負、任務及價值觀與你投考懲教的關聯，而演說時間應拿捏準確。留意近期發生的時事及熱門話題，了解部門資訊及發展方向。每天想出數條問題及解答方法，並好好記下，對最後面試一定有所幫助。

在考試當日，守時是必須的，另帶齊所需的文件。先敬羅衣後敬人，外表往往是給與別人的第一印象，如男性考生應注意髮型及髮色，不應過長及染上誇張顏色。衣著須要端莊，個人認為，穿著合身沉色西裝最為穩陣，款式不應過分新潮，如吊腳或穿著船襪等。坐姿須端正，說話之聲線、語調要合

適，不要過於平鋪直敍，給予他人感到沉悶的氣氛。交談時亦不要說過多的潮語、中英夾雜、更不應有行內術語，切勿過於吹噓，否則讓人一攻即破。

在「最後面試」的過程中，雖然被考官發問很多問題，面試時間屬於頗長，可能因為我的年紀比較大才投考；但當時心裡反而覺得是遇上了機會，因為「考官愈留難你，就即是對你愈有興趣。」；所以各位投考人在面對考官不斷挑戰時不應膽怯，應保持從容不逼的態度盡力回答問題，令考官留下深刻印象。

成功個案3

懲教署「二級懲教助理」是全年招募，如果有興趣加入，需要在各方面都要做好準備，然後上公務員事務局網頁遞交申請就可以，當中投考流程如下：

收到「體能測試＋小組面試」的通知電郵，考生緊記攜同下列物品，於指定的體能測試時段開始前30分鐘，到達赤柱東頭灣道47號懲教署職員訓練院：

（i）電郵的列印本；

（ii）香港身份證；

（iii）已填妥的自承責任聲明書（見電郵的附件）；及

（iv）短袖Ｔ袖、短褲、短襪及膠底運動鞋。

（此衣著要求只適用於體能測試，並不適用於同日舉行的小組面試。）

1. 體能測試

於測試當日上午8點正到達赤柱東頭灣道47號懲教署職員訓練院門口等。而在正門旁邊的懲教博物館外有公園，考生可先做熱身（因為體能測試前，是不設熱身環節）。

夠鐘會有職員帶考生入去，當時係帶我們去一間Waiting room順序跟位坐，之後要準備身分證、體能測試電郵的列印本、已經填妥的自承責任聲明書，並且交給職員。

在職員點名及核對資料（身分證、體能測試電郵的列印本、已經填妥的自承責任聲明書）之後，大約有10分鐘左右的時間換衫，有需要可以去洗手間。然後去到室內體育館聽考官講解今日的測試流程，然後出返體育館外坐低等叫名及考生編號入去進行體能測試。

體能測試期間，如果有其中一項不能達標又或者總分已經沒有可能達到15分，都會被要求即時離開。

而在進行每項動作之前，考官會叫你做一次，看看姿勢是否正確，因為當正式開始後，如果姿勢錯誤，是不會計算的。

最後，是跑800米，考生會等叫名及考生編號，然後上跑道；每次會有三位考生同時進行800米項目，考生在最初的20米必須要在自己的線上跑，過了20米之後，就可以跑內線直到跑完為止。對於我而言，800米跑是比較難，所以事前我都著重於此項進行訓練，最後都能夠順利在合格的時間內完成。

至於當日的五項體能測試，以仰臥起坐（1分鐘）最多人不合格，見有考生在坐起時用手部拉扯衣服借力，亦有考生為了追趕速度而沒有做到正確的姿勢，例如向下時身體未曾碰到海棉就已經再摺腹起身。

建議有意投考「二級懲教助理」的人士，必須預先鍛煉好體能，參考各體能測試項目的評分準則和示範短片，及早作好準備，提高成功投考的機會。

2. 小組面試

完成體能測試後,唔夠分就即時帶你走。由於我係取得足夠的分數,所以可以繼續進行下一關的「小組面試」環節。職員即刻會帶夠分的考生去換西裝,考生需要穿著整齊西裝,準備進行「小組面試」。

「小組面試」係分了A房及B房,每間房分別安排了6至7位考生。當日我係B房,我係最後一個考生入去,所以好自然就關門然後點點頭先坐下。房間裡面會有三位考官,其中一位考官叫考生將袋放向旁邊,然後就會講解「小組面試」的流程。

首先,每位考生都需要進行一分鐘的自我介紹。在參與遴選之前,我已經寫好了一份稿,並且給我香港科技專上書院修讀懲教實務 毅進文憑的的老師 - 前懲教署 總懲教主任 仇志明先生看過及作出修改。之後就每日看著鏡子去重複練習,模擬自我介紹的情況,所以到我出來進行一分鐘的自我介紹時,可以好流暢地説出。

3. 小組討論

之後才會進行「小組討論」環節,考官會抽其中一個信封然後剪開,內裡放了我們小組討論的題目。當日小組討論的題目係「你認為網購會唔會令到多了人失業?」

每人有5分鐘發表的時間,當日因為有6位考生,所以總共有30分鐘去完成整個小組討論。當完成「小組面試」的程序後就可以即時離開,回家等侯「最後面試」的電郵。

建議考生在「小組討論」期間,不應過份搶答以及無理批評其他考生的意見;當日我的組員都比較禮讓,考官最後都有同我地講,話佢做咁多次考官,第一次見到這樣融合,氣氛咁好;因此,我及組員,全部均能夠通過「小組討論」的環節。

此外，為了應付「小組討論」的問題，我每天均會閱讀多份的網上報紙、社評、看電視新聞報導，並且深入分析及了解社會上發生的事情，當中的前因後果，為此關卡作出最全面的準備。

4. 最後面試

終於收到「最後面試、能力傾向測試及基本法考試」通知電郵；當日同樣需要提早30分鐘到達香港赤柱東頭灣道47號懲教職員訓練院進行「最後面試、能力傾向測試及基本法測試」。職員會帶考生入等候室跟自己的考生編號坐，然後會點名及核對學歷。

最後面試會安排三間房，我地叫這三間房做「天堂房」、「普通房」及「地獄房」。如果考生被抽中「地獄房」，會係最多問題，且問題最刁鑽。

當去到房間門口，我被安排了〔地獄房〕，考生記得要敲門，開門後記得要叫Good morning Sir / Good morning Madam，我係考生陳大文，考生編號係XXX。然後等待考官示意，就行去櫈的旁邊，考官示意可以坐的時侯才可以坐低，坐低時侯同樣要有禮貌地講Thank you Sir / Thank you Madam。

最後面試：開始前首先進行2分鐘自我介紹，之後考官會開始問問題：

a. 自身題

01. 你在自我介紹之中表示，好有興趣加入懲教署，點解？

02. 你有甚麼特質，適合做「二級懲教助理」？

03. 點樣証明你有以上的特質？

04. 如果入職後，要留宿訓練，你同家人會少了見面的時間，會點樣處理？

05. 懲教署工作地點遍遠，可能會無得日日返屋企，同埋在工作期間，不可以使用電話，你可以接受嗎？

b. 懲教署部門問題

01. 懲教署的抱負、任務及價值觀？

02. 懲教署署長同副署長是哪一位？

03. 懲教署的架構？

04. 懲教署有哪些類別的生產項目？

05. 大嶼山有哪幾間懲教所？

06. 有沒有聽過智慧監獄？

07. 智慧監獄是由哪四個部分所組成？

08. 你認為智慧監獄對於前線的職員，有甚麼幫助？

09. 甚麼是建立更安全及共融社會的四個主要成功因素？

10. 懲教署的法定監管有幾多種？

c. 情景題

01. 當你現在是剛剛出學堂落環頭當更，有個犯人煩住你，要求呢樣又要求咽樣，你會點做？

02. 你帶住十多名犯人喺工場，要帶佢哋沖涼，離開前你需要做甚麼？

03. 你係新仔，要跟一名師兄一起工作及學習，但師兄借尿遁，去了蛇王，要你頂上，你如何處理？

04. 你係新仔，其他人「唱你」，話你唔合群，你會如何處理？

完成「最後面試」離開時，記得講Thank your Sir / Thank your Madam。

當步出「地獄房」時，感覺是驚濤駭浪、驚險萬分，因此非常感謝仇Sir在堂上的悉心教導，令我對懲教署的工作及面試有深入的了解，才能應付「地獄房」的刁鑽問題。此外，我覺得「最後面試」著重的並不是考生是否能夠百分百答對所有題目，考官反而更加希望從中觀察考生的臨場反應、思維方

向、分析能力,與及投考誠意等等,建議考生在面試前要作出全面的準備。

記住:機會是留給有準備的人。

5. 能力傾向測試及基本法測試

緊接係「能力傾向測試及基本法測試」。「能力傾向測試」(要帶HB鉛筆),當中有好多邏輯推理、性格測試題及處境題。

我的試卷有10條是能力傾向測試的題目,另外有70條是類似性格測試的問題,以及有35條是處境及其他題目,總共115條題目。由於時間有限,所以要避免過份思考於某一條題目上。

至於「基本法測試」不算太深,但並未去到考天才都得,所以必須溫書。

6. 品格審查

之後,終於收到懲教署致電通知到懲教署總部(灣仔港灣道12號灣仔政府大樓)領取「品格審查」表格及聽Briefing。

到達後,會有職員點名及開始前會核對多次學歷,之後會開始教如何填為「品格審查」表格(GF200)及約時間交回表格。

成功通過「品格審查」的考生,會再收到電話,通知再上懲教署總部簽「臨時合約」以及安排「體格檢驗」,完成所以有遴選程序後,我正式受聘接受23星期的訓練。

在此再次衷心感謝在香港科技專上書院任教「懲教實務毅進文憑課程」的前懲教署總懲教主任仇志明老師,對我們所付出的寶貴時間和精神、悉心的教導和專業訓練,使我們獲益良多,亦令我踏上人生的另一階段,成為懲教署的「二級懲教助理」。

作者於「香港科技專上書院（HKIT）懲教實務毅進文憑課程」中，跟同學進行模擬面試，強化有關的面試的技巧，同學的表現相當理想及積極，並且獲益良多。

作者邀請懲教署招募組，提供招聘講座與「香港科技專上書院（HKIT）懲教實務毅進文憑課程」的同學。

投考衣著及服飾

所謂「人靠衣裝」，面試時穿著的服飾，正正代表考生的態度和誠意。因此，考生在面對最基本的禮儀時，應要準備妥當，給考官留下良好的第一印象，以下的衣著及服飾指引，是遴選程序中達標的準則：

細節	男投考者	女投考者
西裝 / 外套	顏色方面，以深色為佳。黑、深藍、深灰或淺灰色等，都能夠給考官成熟及專業的感覺。切忌穿著「九分褲」。	顏色方面，以深色為佳。款式以大方得體為主，西裝外套配裙或西裝長褲是最好選擇。
恤衫	衫袖應比西裝的袖略長。顏色以素色為佳，如白、淺藍或深藍。	白色的襯衫是較佳選擇。
皮鞋	應穿上傳統有鞋帶的黑色皮鞋，並擦抹乾淨，再配黑色襪最正確。襪子要夠長，坐下時以不露出小腿的肉為準。	密頭鞋是最佳選擇。避免穿著涼鞋、露趾鞋、高跟鞋等款式。鞋跟不宜過高和過幼。
髮型	應以短髮為主，最理想是俗稱「鏟青」的髮型。不應染髮、留長髮和束辮。	梳理整齊，如長髮則最好用頭箍和髮夾束起，不應染髮。
手錶	不應佩戴太名貴或奇形怪狀的手錶。	不應佩戴太名貴或奇形怪狀的手錶。
指甲	修剪乾淨，指甲不宜過長。	修剪乾淨，指甲不宜過長；避免塗指甲油或弄水晶甲。
其他	領帶：不宜過闊或過窄。款式及顏色不宜過於花巧。搭配方面，除了要考慮襯衫的顏色之外，亦應選擇較為保守的色系，例如深沉和素色的領帶，看起來較成熟穩重和踏實。	化妝：適度淡妝，避免濃妝豔抹。 飾物：盡量不要佩戴飾物，戒指、耳環、頭鏈等飾物可免則免。切勿佩戴過份誇張或發出聲響的飾物。 手袋：款式應該以簡單和實用為主。 香水：應避免塗香水。

投考 Q&A

問01：假如我是從國內移居來港，現時還未取得「香港特別行政區永久性居民」的身份資格，那麼我可不可以投考「二級懲教助理」？

答01：除另有指明外，申請人於獲聘為「二級懲教助理」時，必須是香港特別行政區永久性居民。

問02：假如我近視400度，那麼我還可以應考嗎？

答02：你可以嘗試申請投考「二級懲教助理」，基於工種之職能有別，因此懲教署對於職員的「視力測試」要求，是絕對有別於其他紀律部隊的標準；相對而言「二級懲教助理」對「視力測試」的要求較寬鬆。

問03：投考「二級懲教助理」是否需要懂得游泳？

答03：不需要。

問04：出席「體能測驗」當日，是否需要穿西裝？

答04：你只需穿著運動服裝。但申請人需要攜帶西裝，因為如果申請人在「體能測驗」項目中取得及格成績，會即時獲邀請參加「小組面試」，該環節需要穿著西裝應考。

問05：應考能力傾向測試時，可不可以使用計算機？

答05：不可。

問06：「體能測驗」的成績是如何計算？

答06：「體能測驗」分5項，分別為：仰臥起坐（1分鐘）、穿梭跑（9米單程來回10次）、俯撐取放（30秒）、立地向上直跳（3次試跳）、800米跑

1. 投考者必須完成此5項測試。

2. 投考者必須在每個「體能測驗」項目中，取得最少1分，並合共取得15分才算合格，取得25分則是「滿分」。

3. 投考者如在任何1個「體能測驗」的項目中，未取得任何分數，則會被評定未能通過整個「體能測驗」。

問07：「二級懲教助理」遴選程序中的「小組面試」及「最後面試」環節，均有「自我介紹」。那麼「自我介紹」是規定用中文還是英文演說呢？

答07：中文。

問08：男性「二級懲教助理」在受訓之時，是否需要將頭髮完全剪短？

答08：男性「二級懲教助理」在受訓期間，是需要將頭髮剪短至符合紀律部隊受訓期間所要求的頭髮長度以及髮型，而除了長度要符合此項要求之外，更不能把頭髮染得五顏六色。假如你想成為「二級懲教助理」，那麼請你作出衡量：究竟想留長髮，還是希望成為「二級懲教助理」？

問09：女性「二級懲教助理」在受訓期間，是否須要將頭髮完全剪短？

答09：不用，將頭髮束起便可。

問10：「二級懲教助理」需接受多久的入職訓練？

答10：為期23個星期。

懲教署博物館

懲教署博物館

Chapter **03**
懲教署重要資料

附件一：懲教署署長周年記者會致辭全文

以下是懲教署署長胡英明在2019年2月14日（星期四）在周年記者會上發表的致辭全文：

1. 懲教署的角色

懲教署是香港刑事司法體系的重要一環，使命是保障公眾安全和防止罪案，締造美好香港。

2018年，懲教署迎接各種挑戰，所有懲教人員一如既往，按法例賦予我們的責任和權力，發揮專業及一視同仁的精神，確保羈管環境穩妥、安全、人道、合適和健康。本署也與各界持份者攜手創造更生機會，協助在囚人士在獲釋後融入社會。

此外，懲教署推動社區教育，提倡守法和共融觀念，防止罪案，為社會作出貢獻。

2. 收納於懲教院所及受監管人士的概況

去年懲教院所每日平均在囚人口為8,303人，較2017年的人數微跌3%（數字為8,529人），而平均收容率則為74%。在囚人口當中：

i.　服刑為77%，還押為23%；

ii.　男性佔80%，女性佔20%；

iii.　21歲或以上為96%，未滿21歲為4%；及

iv. 本港居民佔67%，來自內地、台灣或澳門人士佔12%，餘下21%為其他國家人士。

除了管理在囚人士外，懲教署還提供協助更生人士重返社會的法定監管，截至2018年年底，約1,400人仍需接受懲教署的法定監管。

2018年，懲教署新收納的服刑或還押人士共有17,340人次，較2017年的18,531人次稍為下降了6%。新收納的高保安風險的服刑在囚人士（即甲類級別在囚人士）有119名。在這119名新收納人士中，有80%干犯了毒品相關罪行，20%干犯了謀殺、誤殺等嚴重罪行。在新收納的甲類人士中，有28%來自其他國家。截至2018年年底，整體甲類在囚人口有527人，與前年同期數字（535人）相若。

3. 安全羈押

懲教署首要任務是確保一個安全及穩妥的羈押環境，協助在囚人士更生和重投社會。借鑑近年世界各地相繼發生多宗大規模監獄暴動或逃獄事件，署方居安思危不斷檢視及強化部門的預防措施、應變方案及人員裝備，主動打擊任何非法活動。

2008年至2018年，連續11年，沒有任何成功逃獄或越押個案。2018年，本署於院所進行了8,230次聯合搜查/特別搜查/夜間突擊搜查行動，搜查了12,885個地點，較2017年的相關數字分別增加7%及8%。

大部分在囚人士都遵守紀律及願意改過，但仍有部分進行違法活動，影響院所秩序及他人的人身安全。2018年，發生了8宗集體違紀事件，較2017年增加3宗，而涉及的在囚人次達181次，當中牽涉打鬥、煽動他人參與集體行動，例如拒絕進食或集體投訴等事件。涉及在囚人次最多的個案發生於2018年11月21日，有66名收納於荔枝角收押所的在囚人士集體作出投訴。8宗事件中，有五宗涉及共12名在囚人士受傷；有4宗已轉交其他執法部門跟進調查。參與集體違紀事件的181人次當中，有96%（173人次）在21歲或

以上，而餘下4%（8人次）則未滿21歲。此外，62%有黑社會背景，並涉及六宗事件。在區域應變隊為主力的支援下，院所管方在短時間內回復院所內秩序。自2016年區域應變隊成立後，在維持院所保安穩定及押解高保安風險的在囚人士成效顯著。署方亦計劃將應變隊增至其他區域及個別院所。

同年，在囚人士被紀律檢控的數字雖然較前年微跌6%至4,265次，依然維持高企。首兩項的紀律檢控分別為「妨礙秩序及違反紀律」及「管有未獲授權管有的物品」，各佔整體紀律檢控宗數的33%及25%。若以人數計算，在2018年共有2,714人被紀律檢控，較2017年的數字微跌2%。當中有320人（12%）觸犯3次或以上的違紀行為，佔整體紀律檢控次數的34%。

至於涉及暴力行為的個案，2018年共有483宗，主要涉及在囚人士打鬥或襲擊他人（包括懲教人員），較2017年減少63宗。當中有26宗較嚴重個案須轉介警方跟進。在制止暴力或其他行為期間，職員方面共有39人次受傷，大部分傷勢輕微（較2017年的23人次多了16人次）。

2018年有7宗涉及懲教人員於執勤時遇襲，較2017年的8宗減少一宗，受傷的懲教人員亦由6人減少至3人。絕大部分傷勢輕微。

署方亦致力制止毒品流入懲教院所。去年，成功搜獲毒品的個案共25宗，當中包括16宗體內藏毒個案。截獲的毒品以海洛英及精神科藥物為主，主要涉及剛被羈押的在囚人士。署方會加強堵截工作，確保一個安全及穩妥的羈押環境。

除應對在囚人士的非法活動及違紀行為，懲教人員亦要時刻保持警覺以偵察及防止在囚人士作出自我傷害的行為。2018年，共有48宗自我傷害個案，較2017年的99宗下降52%。當中絕大部分獲懲教人員及時發現和拯救。可惜，去年其中兩名在囚人士經搶救後不幸身亡。事件已交警方調查，將會進行死因研訊。

過去多年，有關醫療押解的數字持續高企。每年執行醫療押解所需的人力資源由2015年約37,000日上升至2017年約41,000日，而在2018年亦超逾38,000日。

懲教設施方面，我們正進行多項改善項目，加強院所保安及運作效率，例如在赤柱監獄安裝電鎖保安系統；以及為7間院所（包括赤柱監獄、白沙灣懲教所、小欖精神病治療中心、東頭懲教所、塘福懲教所、大欖懲教所、壁屋監獄）更換及提升閉路電視系統至全新數碼系統。至於將核心資訊科技系統更換為綜合懲教及更生管理系統的項目，已於去年5月完成招標工作，而新系統計劃於2022年分階段投入運作。

我們亦於今年1月諮詢立法會保安事務委員會，建議在壁屋懲教所裝設電鎖保安系統，並配備面容辨識功能確認職員身分，以提升監獄管理的效率及保安水平。

我們也計劃於柴灣盛泰道興建懲教署總部大樓，把分布於不同地區的辦公室，以及專門和一般設施一併遷往大樓，以提升協調能力和運作效率，並配合部門未來的發展。這個項目已於2017年12月獲得東區區議會轄下的規劃、工程及房屋委員會的支持，本署會和建築署繼續跟進，並在適當時候就工程費用申請撥款。

4. 更生工作

一直以來，本署致力與社會各界持份者建立更緊密的伙伴合作關係，當中包括18區分區撲滅罪行委員會、慈善團體、非政府機構、工商界及大學等，通過推行多元化的計劃及活動，加強社會對更生工作的支持，並協助在囚人士於獲釋後重新融入社會。

去年的活動包括分區撲滅罪行委員會合辦的助更生地區宣傳、「愛心僱主」登記計劃、舉辦在囚人士感恩月，以及「圍牆內的嬌陽——女性在囚人士的心理治療畫展」等。懲教署亦加強與學術機構合作，包括與本地大學分別合辦非政府機構論壇暨傑出義工嘉許禮及多項研究計劃（例如戒毒所計劃成效檢討、更生人士3年縱向研究）等。

我們推行多元化和適切的更生計劃，提供包括輔導、教育和切合市場需要的

工業及職業訓練，積極協助在囚人士掌握技能及提升自信心，於獲釋後順利融入社會，重過新生。去年，位於赤柱監獄內的首個專為男性在囚人士而設立的「好望閣」——男士正向生活中心亦正式啟用。臨床心理學家透過治療計劃及比賽形式的活動，協助有需要的在囚人士糾正歪曲思想、預防暴力及鼓勵他們在院所內開展健康生活模式。

懲教署依例安排被定罪的成年在囚人士參與工作，並引入先進的電腦化生產設施（例如電腦數控切割機），以提高生產力和讓他們學習與時並進的技能和通用知識，包括品質管理及職業安全健康的法規等，以提升他們日後在不同範疇的就業技能，重新融入社會。

我們為青少年在囚人士提供20項職業訓練課程，以及為將於3個月至2年內釋放並可合法居留受僱的成年在囚人開辦41項自願參與的市場導向課程，合共為成年人提供超過1,400個職業訓練名額。去年新開辦課程有裝修地板工及裝修電腦繪圖基礎證書班。今年，將新增虛擬實境焊接、虛擬實境窗櫥設計零售及汽車美容基礎證書班。全部課程均由多個本地培訓機構協辦，並獲資歷架構或市場認證，以便更生人士就業及日後報讀銜接或進階課程。

職業訓練的考試，去年整體合格率為97.9%（成年人為98.1%，青少年為97.3%）。他們於獲釋後完成六個月就業跟進期的就業率分別為83.1%及93.4%。教育方面，去年投考公開試的整體合格率有62.9%（成年人為60.4%，青少年為68%），有一名在囚人士考獲香港中學文憑考試經濟科5級的佳績，更有一名考獲6科共21分。另外，考獲學士或碩士學位分別有10名及1名，是歷來在囚人士取得最多學位的一年。在青少年教育方面，署方去年更加入「STEM」教育元素，以提升在囚人士的邏輯思維及解決問題的能力。

多年來，本署一直致力推廣助更生工作，呼籲社會大眾支持和接納更生人士，幫助他們減少再次犯罪，令社會更加安全。過去10多年，香港的再犯率（本地在囚人士在獲釋後兩年內因干犯新罪行而再次被判入懲教院所服刑的百分比）以獲釋年份計已有明顯跌幅，即由2000年的39.9%下降至2016年的

24.8%。這個數字正好反映懲教人員的工作，在囚及更生人士改過的決心，以至社會各界對更生的支持，一同達致的成果。就此，我們衷心感謝社會各持份者和傳媒朋友。

當中，青少年（即前次服刑時的年齡為21歲以下）的再犯率由2015年的11.9%，冉次下降至2016年的10.2%，跌幅為1.7百分點；而成年人的再犯率則由2015年的28.3%下跌2.6百分點至2016年的25.7%。

5. 社區教育及在防止罪案方面的成效

在社區教育方面，懲教署通過推行「更生先鋒計劃」，包括「思囚之路」等，聚焦向學生和青少年宣揚奉公守法、遠離毒品及支持更生的重要價值觀。2018年共有48,093人次參加各項活動，包括44,876青少年人次，比2017年的相關青少年數字36,506增加23%。活動廣受歡迎，社會的反應非常正面。

為進一步加強成效，懲教署於去年成立一支名為「更生先鋒領袖」的制服團隊，旨在凝聚具領袖潛質的年青人，透過多元化訓練，幫助他們拓闊視野、發展潛能、培養紀律、提升社會責任感，並鼓勵他們日後積極回饋社會，協助提倡守法和共融觀念，為締造更美好的香港出力。領袖團迄今已招募兩批共60名成員（當中有3名少數族裔青少年），並將每年視乎資源許可進行招募，目標令隊伍持續擴展至香港多區。

6. 人力資源

懲教署仍然處於職員流失的高峰期，於2017至2018年度，全年共聘請44名懲教主任及435名二級懲教助理。預計在2018至2019年度，本署會聘請約50名懲教主任及按空缺全年招聘約350名二級懲教助理以填補人手空缺。在職員宿舍方面，位於香港仔田灣的懲教署宿舍項目正在興建中，預計於2019年內落成，屆時提供70個宿舍單位。

7.「智慧監獄」發展計劃

署方於2018年制訂了部門未來的「策略發展計劃」,其中一個目標為建構一個綜合及可持續發展的懲教制度,積極發展「智慧監獄」系統。配合2018年的《施政報告》,在保安局的推動下,以及聯同機電工程署、建築署及政府資訊科技總監辦公室,我們計劃於未來的主要改善設施的建議中注入智慧元素。

「智慧監獄」由4個部分組成,包括:「發展智慧管理」、「推行工序創新」、「培育知識型懲教人員及優化更生人士融入社會的能力」及「應用智慧型院所設計」。署方期望透過科技應用提升羈管效率及院所保安水平,從而保障懲教人員安全執法及確保在囚人士的安全。

我們現正在個別院所的指定範圍作為試點,利用包括視頻分析等創新科技,使懲教設施更現代化,以改進監獄管理的效率及保安水平。試驗項目包括於羅湖懲教所醫院安裝「維生指標監察系統」、於壁屋監獄四個囚倉安裝「影像分析及監察系統」監察在囚人士異常和違反紀律行為、以及於羅湖懲教所特定通道內,安裝「移動及位置監察系統」。長遠而言,「智慧監獄」的概念涵蓋懲教院所的硬件及軟件,最終目的是透過整合運作及科技,以匯集多方面數據進行分析及應用,以助署方提升院所管理及運作效率,加強應付突發事件的應變能力,以及進行長遠的策略規劃。

8. 結語

回顧過去,懲教署迎難而上,在多方面的工作取得進展,多謝各位同事的努力,上下一心,緊守崗位。

此外,我要特別感謝市民、社會持份者、志願團體、義工和傳媒朋友的鼎力支持,協助我們推展工作。我亦希望藉此機會呼籲社會繼續支持和協助更生人士重返社會,為香港的福祉而努力。

附件二：「智慧監獄」的發展

1. 背景

行政長官在2018年施政報告中提出以創新科技提升執法機構的能力，包括發展「智慧監獄」。

懲教署一直致力為在囚人士提供穩妥、安全、人道、合適和健康的羈管環境。鑑於本港大部分懲教設施已使用多年或由原用作其他用途的建築物改建而成，署方須不斷透過改善及改建現有設施，以配合羈管在囚人士和更生工作的需要，當中包括擴大科技的應用。

為配合懲教工作的發展，懲教署於2013年首次進行「資訊系統策略研究」，研究結果建議發展一個「綜合懲教及更生管理系統」。（「綜合懲教及更生管理系統」將取代現有八個獨立的核心資訊科技系統，以便提升羈管及運作效率，加強保安情報整合，為在囚人士訂定更適切的更生計劃，為他們重投社會作出準備，以及為探訪在囚人士的親友提供更多電子服務（如電子預約探訪等）。）

為此，懲教署向立法會申請撥款，並於2016年獲批3億5千多萬元發展「綜合懲教及更生管理系統」及提升其資訊科技基礎設施的容量，從而進一步改善長遠的運作效率，為署方未來在創新科技的應用打好基礎。

有關項目包括建設核心網絡設施、提升網絡安全及網絡彈性連接。這個項目將有助進一步設置「智慧監獄」所需的物聯網絡。此外，「綜合懲教及更生管理系統」將建立一個中央數據及業務應用平台，增加系統運算和復原能力，為構建「智慧監獄」提供更大的靈活性及可擴展性，也為懲教數據分析及發展奠下基石。「綜合懲教及更生管理系統」正處於軟件設計及系統升級階段，整個項目預計於2023年內啟用。

此外，為應對迅速發展且複雜多變的社會環境及懲教工作的新挑戰，懲教署於2018年制訂了部門未來的「策略發展計劃」，其中一個目標為建構綜合及可持續發展的懲教制度，透過整合運作及科技系統（包括設施、系統和數據相互之間的整合）以匯集數據進行分析，並應用分析結果於政策規劃及懲教設施管理中，使各項決策皆達到更佳的效果，並使懲教制度持續發展。

為此，懲教署積極發展「智慧監獄」，利用創新科技策略推行懲教設施現代化、信息化、人性化的管理模式及工序創新。為策劃「智慧監獄」的長遠發展，署方於同年成立了由副署長主持的跨部門督導委員會，成員包括機電工程署、建築署及政府資訊科技總監辦公室的代表，為未來主要設施改善工程注入智慧元素，使懲教設施更現代化，從而提升監獄管理的效率及保安水平。

2.「智慧監獄」的理念

「智慧監獄」的理念由以下四個主要元素組成：

a. 發展智慧管理

透過整合運作及資訊科技系統及應用嶄新的信息和通信技術，以匯集多方面的數據進行分析及應用，從而提升院所管理及運作效率，加強懲教人員應對突發事件的能力及協助署方進行長遠的策略規劃。

b. 推行工序創新

透過應用創新科技及檢視有關的工作流程，配合懲教工作的最新發展，達致更善用資源、提升更生計劃的成效、提高院所管理及運作效率，及推動可持續發展的目標。同時，署方亦鼓勵懲教人員探討現行的工作模式及進行研究，以完善懲教工作的程序。例如，於「綜合懲教及更生管理系統」的設計階段，署方委任了負責不同工作類別的懲教人員一同參與項目設計，並藉此檢視沿用的工作模式。

c. 培育知識型懲教人員及優化更生人士融入社會的能力

加強懲教人員於應用創新科技及系統方面的培訓，以輔助懲教管理工作及向在囚人士提供適切的協助和支援。此外，署方亦計劃透過增設科技應用系統，讓在囚人士透過系統管理其個人日常事宜，包括引入「在囚人士自助服務系統」，以便他們選購小賣物品及提出訴求等，從而提升他們管理自身事宜的空間，為在囚人士重新融入社會提供更多有利條件。

d. 應用智慧型院所設計

於懲教院所設計中注入科技應用、保護環境和以人為本的理念，例如署方正研究於未來新建及重建懲教設施中增設「地理資訊系統」及「建築資訊模型」；

（1）「地理資訊系統」（Geographic Information System，簡稱GIS）

又稱「院所電子地圖」，綜合不同科技系統或設施中所採集到的數據，並於電子地圖上實時顯示及記錄各類或經數據整合後的資料，讓使用者提取和應用有關資料。系統將自動記錄在囚人士的分佈、位置及移動資訊等，除有效避免人為錯誤外，亦藉此減少紙張的使用，從而更有效保護環境。

（2）「建築資訊模型」（Building Information Modelling，簡稱BIM）

能於系統內檢視建築物的立體模型（包括內部及外部），使用者能透過系統檢視建築物的內部格局及屋宇設備系統（包括通風、消防、供水及電力系統）的工程佈置及實時狀況。假如屋宇設備系統出現異常情況，使用者能即時知悉並作出跟進。若懲教院所內發生暴動情況，署方能利用此系統作策略部署，透過系統掌握不同的屋宇設備系統的運作情況，並藉控制有關系統控制現場情況（例如切斷水電供應）。

使懲教人員能快速及準確地掌握院所內的實時資訊。同時，署方亦藉著優化懲教設施及工序，以便懲教人員進行管理及配合更生計劃的發展，建立一個能讓人、科技和環境相互聯繫的現代化懲教院所設計。

3. 創新科技的應用

為籌備「智慧監獄」的發展，懲教署於2018年開始就引入創新科技及檢視有關的工作流程，以加強署方於數據運用方面的能力及提升院所管理的效率作探討。

為此，懲教署派員參觀其他地區的懲教機構，就科技應用方面作相互交流，並與機電工程署共同研究於懲教設施中引入不同創科項目的可行性。

綜合各方意見及考慮到院所運作上的需要及可行性後，署方計劃以個別院所的指定範圍作為試點引入三個試驗項目——即「維生指標監察系統」、「影像分析及監察系統」及「移動及位置監察系統」——配合重整院所的管理和運作流程，以加強整體院所管理的成效。這些系統的應用詳述如下。

4. 維生指標監察系統

現時，懲教人員於每晚約8時在囚人士返回囚室休息後，須每隔不超過15或20分鐘以巡邏及目視的方式，觀察有醫療或護理需要的在囚人士的身體狀況。縱然現行機制已確保有關在囚人士於返回囚室後仍受到密切監管，唯不排除部份人士的身體狀況在懲教人員巡邏後突然出現異常情況。因此，署方計劃透過應用創新科技，以確保在囚人士的身體狀況全日24小時受到科學化的監察，從而保障他們的安全。

為此，署方計劃於院所醫院內引入能監察心跳的「維生指標監察系統」，以監察有醫療及護理需要的在囚人士的身體狀況，當中包括有自殘及自殺傾向的在囚人士。署方會在徵詢院所醫生的意見後，為該類在囚人士配帶「智慧手帶」以監察他們的心跳。若系統偵測到有關的在囚人士的心跳出現異常情況，便會隨即發出警報，使當值懲教人員即時跟進。

上述「維生指標監察系統」是「發展智慧管理」的其中一個科技應用項目。

此系統以科學化的方式協助偵測在囚人士的身體狀況,除了能優化懲教人員現時依靠目視方式進行觀察的做法外,亦能令懲教人員及早得悉在囚人士身體的異常狀況並即時作出跟進,從而提升醫療照顧水平及減低自殘風險,有助保障在囚人士的安全,以及加強懲教人員的執法及監管的專業水平。

5. 影像分析及監察系統

現時懲教人員於在囚人士返回囚室後,須每隔不超過15或20分鐘巡邏及以目視的方式確保在囚人士的紀律及安全。縱然現行機制已確保有關的在囚人士返回囚室後仍受到密切監管,但部份在囚人士仍能藉懲教人員每次巡邏後的時間空檔作出違紀或自殘行為。

懲教人員須每隔不超過15分鐘巡視於醫療觀察名單及管理逃犯名單上的在囚人士1次。至於其他在囚人士,則須每隔不超過20分鐘巡視1次。

為此,懲教署計劃於囚倉內引入能協助監察在囚人士異常和違反紀律行為的「影像分析及監察系統」。系統會把預設的行為模式及閉路電視所收集到的影像作實時比對,從而偵測在囚人士是否正進行某類異常行為,包括上吊自殺,撞牆自殘及打架等。若系統偵測到預設的異常行為便隨即發出警報,懲教人員會即時跟進,確保在囚人士於懲教人員每次巡邏後的時間空檔仍受到嚴密的監管。

引入「影像分析及監察系統」為「發展智慧管理」的其中一個科技應用項目。應用此系統一方面能加強署方對在囚人士的監管,另一方面亦能提升懲教人員應對突發事件的能力,有助確保羈管環境穩妥及安全。

6. 移動及位置監察系統

現時，懲教人員需定時以人手方式點核懲教設施內的在囚人士數目，以確定沒有無故失蹤或逃獄情況。

此外，在囚人士於院所內的移動（即從一地點移動往另一地點）必須由懲教人員進行押解，並為每次的移動作紀錄，以便追查他們的位置。縱然於現行機制下，在囚人士的一切移動皆被監察，唯發生重大事故時，懲教人員需即時以人手方式點算人數及翻查紀錄，方可確定在囚人士的數目及位置，使懲教人員未能即時作出相應部署。因此，署方計劃透過科技應用，加強監察在囚人士於院所內的移動及隨時掌握在囚人士的位置，加強院所保安及應對突發事件的能力。

懲教署計劃於特定通道內安裝可以追蹤在囚人士實時位置的「移動及位置監察系統」。系統將透過安裝於院所內的感應器及在囚人士配帶「智慧手帶」發出的訊號，確定在囚人士的實時位置。若在囚人士偏離原訂路線，系統會即時發出警報，以便懲教人員盡快跟進，有助提升院所日常的運作效率，及加強對在囚人士的監察。

引入「移動及位置監察系統」為「發展智慧管理」及「推行工序創新」的其中一個科技應用項目。此系統讓懲教人員掌握在囚人士的實時位置，並對在囚人士的移動路徑進行監察，減低逃獄風險及提升懲教人員應對突發事件的能力。

引入系統後，署方將安排原擔任內部押解工作的懲教人員進行系統操作並於突發情況下作出支援，亦會視乎院所運作和配套，探討優化現行以懲教人員押解在囚人士於院所內移動的做法。若工序重整後能節省人手，署方將安排他們分擔一些因現時懲教人員工作量已嚴重負荷而未能全面執行的更生及輔導工作，從而提升整體懲教服務的水平。

7. 推行計劃

懲教署正就上述三個項目於下列地點進行系統安裝及試驗:

a. 維生指標監察系統:羅湖懲教所醫院內;

b. 影像分析及監察系統:壁屋監獄四個囚倉內;及

c. 移動及位置監察系統:羅湖懲教所特定通道內。

懲教署會於本年內進行成效評估,並視乎可行性和資源,積極及適時地將上述系統進一步推展至院所內的其他地方及其他院所。除上述三個項目,懲教署已獲創新及科技局核下的科技統籌預留撥款(屬「整體撥款」),把當中的「維生指標監察系統」及「影像分析及監察系統」分別推展至下述地點:

a. 維生指標監察系統:赤柱監獄的2個囚倉及醫院、大欖女懲教所醫院、小欖精神病治療中心的病房及老人組;及

b. 影像分析及監察系統:壁屋監獄的22個囚倉、6個獨立囚室及其醫院內。

懲教署已就上述的兩個項目〔(a)「維生指標監察系統」及(b)「影像分析及監察系統」〕展開前期規劃,整體工程預計於2021年內完成。此外,懲教署將引入「緝毒機械臂系統」,利用機器代替人手檢查被懷疑體內藏毒的新收納在囚人士所排出的糞便,系統上的機械臂能自動偵測便盤內的糞便位置並利用清水沖射使其分解,方便懲教人員進行檢查,預計今年第二季於荔枝角收押所試行。

此外,署方亦正與機電工程署積極研究引入「地理資訊系統,並綜合「移動及位置監察系統」,使能更有效監察在囚人士的實時位置及移動路徑。

8. 未來路向

懲教署的跨部門督導委員會為「智
慧監獄」訂定政策發展方向及制定藍
圖；並為其政策實施提供督導及進行
監察；以及推動持分者為監獄注入智
慧元素進行探討及研究。此外，署方
將於2019年內展開第二次的「資訊系
統策略研究」，以審視第一次研究內
建議項目的進度，及為發展「智慧監
獄」制定科技發展藍圖，按優次推展
短、中、長期的創新及科技項目。

「智慧監獄」的四個主要元素皆涉及
科技知識及創科系統的應用。為優化
懲教服務的質素，懲教署將繼續與其
他政府部門探討於懲教設施引入不同
科技項目的可行性、與其他地區的懲
教部門交流經驗及工作模式，及為懲
教人員提供科技知識及創科系統應用
相關的培訓。

長遠而言，懲教署希望將「智慧監獄」的概念應用於懲教院所的硬件及軟
件，透過整合運作及資訊科技系統以匯集多方面的數據進行分析及應用，以
助署方進一步提升院所管理及運作的效率和加強應付突發事件的能力，並協
助署方可以更有系統地進行長遠的策略規劃。

（資料來源：立法會CB（2）1100/18-19（05）號文件）

附件三：建立更安全及共融社會的四個主要成功因素

1. 安全羈管

安全羈管是懲教署的核心工作之一，它亦彰顯懲教署為罪犯提供人道、穩妥、合宜和健康羈管環境的責任。然而，既要保持良好的監獄紀律和秩序，同時要營造穩定和諧的羈管環境，並不是一件容易的事，這有賴於人力資源管理及監察系統所提供的專業團隊的合作及有效率和高效益的組織管理。

在人力資源管理方面，當局透過策略性發展和不同的培訓計劃，維持一支自強不息、克盡厥職的工作隊伍。同樣地，懲教署的完善監察系統，確保轄下的懲教院所根據相關法例和規則運作。除此之外，當局會定期翻新懲教院所的設施和進行改建工程，以改善羈管環境並且令設施更現代化。

2. 適切的更生計劃

絕大部分在懲教院所的罪犯最終都會重返社會，懲教署會協助他們改過自新，成為奉公守法的市民。因此，提供適切的更生計劃亦是懲教署核心工作之一。懲教署會提供適時及恰當的介入，改變罪犯的犯罪思想及行為，提升他們謀生的技能，協助他們重投社會。要達至這個目標，我們由擁有專業資格的職員在安全、穩妥的羈管環境下提供有系統、有成效並切合罪犯需要的更生計劃。

2006年10月，懲教署開始實施「罪犯風險及更生需要評估及管理程序」，以科學化和驗證為本的方法協助罪犯更生。就這一個新措施，懲教署會根據罪犯對更生計劃的反應，以認真謹慎的方式實施並逐步發展這套程序。

3. 罪犯的反應和改過決心

要成功協助罪犯在獲釋後重建新生，融入社群，安全覊管以及適切的更生計劃固然重要，但罪犯的努力及決心更是一個舉足輕重的因素。罪犯的內在動機和意願，是他們能夠珍惜機會，重過新生的主要原動力。同樣地，他們的內在動機和意願，也直接影響更生計劃的成效。假如他們能夠堅持對更生意願，他們能成功抵禦外間的引誘和保持奉公守法的行為就可以繼續。只要有堅定的意志，脫離重犯這個惡性循環便更容易達到。

無可否認，罪犯改過的決心受多種獨立但又錯綜複雜的犯罪特質、個人、社會和經濟因素影響。懲教署一直致力加強更生工作，透過適切的更生計劃協助強化罪犯改過的動機及提高他們對更生計劃的接受程度。懲教署更會積極擔當主導的角色，引入非政府機構的資源和服務，協助罪犯重建新生及強化他們改過自新的決心。

4. 社區支持

社會支持對建立一個更安全和共融的社會佔有非常重要的地位。其實，市民對罪犯的認知、諒解、接納和支持有助罪犯脫離再度犯罪的惡性循環。要達到這目的，最有效的方法是不斷進行公眾教育。為此，自九十年代起，懲教署致力推行多個青少年教育項目，並自2008年9月起推行「更生先鋒計劃」，以宣揚「奉公守法、遠離毒品、支持更生」的信息。為爭取更多社會支持及參與，署方近年來已在不同區域舉辦各項助更生活動。

附件四：促進少數族裔平等權利現行及計劃中的措施

懲教署致力促進種族平等。所有在囚人士不論本身的國籍或種族，均會獲得同等對待。懲教署在支援少數族裔在囚人士方面所採取的措施載列如下。

1. 支援在囚人士的措施

a. 現行措施

1. 在囚人士在被羈押入院所後，會獲發《在囚人士須知》小冊子，讓他們了解本身的權益，以及在院所獲得的一般待遇和要求；該小冊子備有27種語文版本。

2. 懲教署會按情況需要為少數族裔在囚人士提供傳譯服務。如他們因在懲教院所得到的待遇感到不滿，或就個人權益有任何投訴，懲教署會因應要求提供傳譯服務，確保他們在查詢或投訴時享有同等權利。

3. 懲教署使用具備文本翻譯功能的流動平板設備，方便前線職員與其他國籍的在囚人士即時溝通。

4. 懲教署已在各懲教院所的院所醫院備有民政事務局印製的《多種語文緊急情況用語手冊》，供有需要的在囚人士使用。

5. 懲教署在懲教院所的圖書館，為在囚人士提供中、英語文以外的其他語文的書籍。

6. 懲教署為少數族裔在囚人士開辦廣東話學習班及提供廣東話自學材料，以提高他們講廣東話和明白廣東話的能力，協助他們適應院所的生活。

7. 懲教署尊重不同種族在囚人士的宗教自由。透過司鐸及不同宗教團體，向他們提供包括探訪、教學、輔導、宗教崇拜等不同服務。如情況需要，署方會向相關領事館了解少數族裔在囚人士在宗教信仰方面的習慣。

8. 懲教署與非政府機構合作，舉辦各類興趣班，協助少數族裔在囚人士更生。

9. 懲教署在啟導課程中提供10種不同語言的數位多用途光碟，播放予新收納的在囚人士，以幫助他們了解院所的生活。

10. 本署以退休後服務合約形式聘請退休懲教人員出任院所聯絡主任，專責協助院所處理外籍在囚人士的查詢及申訴。聯絡主任會面見外籍在囚人士，解答及協助處理他們的查詢及申訴，化解外籍在囚人士於羈押時產生的誤解、爭端，有助維持院所的紀律。

b. 日後工作評估

懲教署會定期評估及檢討關於少數族裔在囚人士的政策／措施及實施，以期進一步作出改善。

2. 職員培訓
a. 現行措施

1. 懲教署已按照《種族歧視條例》，制定《懲教署促進種族平等指引》及《懲教署種族平等政策聲明》，以供職員遵循。

2. 懲教署定期把關於種族平等的資料上載至知識管理系統（部門內聯網的知識分享平台），以供職員參考。

3. 懲教署不時為職員提供少數族裔語言的訓練，包括尼泊爾語、烏爾都語、越南語、印尼語及旁遮普語及西班牙語。

4. 懲教署已在入職培訓及在職培訓課程中包括關於認識種族平等的訓練。署方亦不時邀請不同國家的領事館為職員舉辦認識不同文化的培訓。

b. 日後工作評估

懲教署會定期評估及檢討培訓政策,以期為職員安排合適的訓練課程,增進他們對種族平等的認識。

附件五：更生先鋒計劃

「更生先鋒計劃」包括一系列的社區教育活動，向公眾宣揚「奉公守法、遠離毒品、支持更生」的信息。當中包括：

1. 教育講座

2. 面晤在囚人士計劃

3. 綠島計劃

4. 參觀香港懲教博物館

5. 延展訓練營

6. 青少年座談會

7. 「創藝展更生」話劇音樂匯演

8. 思囚之路

9. 暑期遊學團

10. 新成立的更生先鋒領袖等

以下有更詳盡的資料：

a. 教育講座

提供香港刑事司法體系和懲教署羈管及更生計劃的基本資料。

b. 面晤在囚人士計劃

安排青少年學生參觀懲教院所，並與在囚人士面對面交流，強化滅罪信息。

c. 綠島計劃

向青少年宣傳禁毒信息及環境保護的重要性，計劃安排參加者與喜靈洲島上戒毒所的青少年在囚人士會面，了解吸毒的禍害。

d. 參觀香港懲教博物館

可以加深參觀者對懲教服務發展的了解，尤其是大眾的支持對在囚人士及更生人士的重要性。

e. 青少年座談會

另一項社區教育計劃，透過互動平台刺激學生的反思及參與，配合以更生人士現身説法，讓參加者對「滅罪」及「更生」信息有更深入的認識。

f. 更生先鋒計劃延展訓練營

一項三日兩夜的紀律訓練項目，透過高度紀律的訓練方式，藉以幫助青少年加強自信心及建立正確價值觀。

g. 創藝展更生

話劇音樂匯演讓學生欣賞由在囚人士自編自導自演的話劇及音樂表演，以啟發學生反思犯罪的嚴重代價，帶出更生和共融信息。

h. 思囚之路

透過模擬監禁，讓學生設身處地體驗由被捕、審訊、定罪、收押、訓練到釋

放的一段模擬在囚過程，目的是加深參加者對香港刑事司法制度及懲教工作的認知，以及促使參加者反思犯罪的沉重代價。

懲教署每年均會舉辦各類比賽，讓青少年參加宣揚「奉公守法、遠離毒品、支持更生」信息的活動。

比賽得獎者會獲安排參加「暑期遊學團」，行程主要包括參觀內地的環保工廠和大型基建設施，以及進行助學，探訪農村學校和家庭，這些活動能加深參加者對國情的了解，幫助他們建立正確的價值觀。

更生先鋒領袖：於2018年7月成立的青少年制服團隊，以凝聚具領袖潛質的青少年人才。

懲教署會提供多元化訓練，幫助他們拓闊視野、發展潛能、培養紀律，加強對社會的責任感，以及鼓勵他們日後積極回饋社會，協助提倡守法和共融觀念，為締造美好香港出力。

附件六：區域應變隊（懲教飛虎隊）

區域應變隊（Regional Response Teams），又俗稱「懲教飛虎隊」。

押解及支援組：主要負責押解在囚人士出庭應訊、前往就醫、進行列隊認人程序或院所之間的內部轉解，並在發生緊急事故時負責向懲教設施提供策略支援。

押解及支援組亦負責管理「終審法院」、「高等法院」和「區域法院的羈留室」、「西九龍法院」、「觀塘法院大樓轉解中心」，以及「瑪麗醫院」和「伊利沙伯醫院」的羈留病房。

另外，押解及支援組下設立「緊急應變隊」（Correctional Emergency Response Team），為懲教設施發生的大型緊急事故提供策略支援。此外，為了應付懲教設施發生的緊急事故、加強院所周邊的保安，以及執行高風險押解等任務。

懲教署於2016年9月，在「押解及支援組」下設立常規的《區域應變隊Regional Response Teams（俗稱「懲教飛虎隊」》與〔緊急應變隊（Correctional Emergency Response Team）〕一同應對區域層面發生的緊急事故，提供更有效、快速及機動的支援。

如要成為《區域應變隊Regional Response Teams（俗稱「懲教飛虎隊」》的成員，入隊前除了需接受一系列評估及測試外，並須完成為期11周的「戰術專業證書」課程，此課程亦為香港首個戰術訓練課程，得到資歷架構認可的第4級別課程（與學術評審下的副學士學位或高級文憑相同級別）。內容有教授「專業戰術訓練」、「戰術導師培訓」及「槍械使用」等。

當中亦有較低一級的訓練課程，讓所有懲教署職員報讀的「安全有效控制戰術證書」課程。

而「戰術專業證書」課程一年會開辦2班，「安全有效控制戰術證書」課程則一年會開辦9班。

懲教署職員於入隊前需經歷連串的「體能」、「自衛術」及「槍械技巧」等測試，亦需作身體及心理評估，現時已經有40名懲教署職員完成「戰術專業證書」課程。

區域應變隊由於需要應對高危在囚人士，故日常裝備均會配備如「胡椒泡沫噴劑」、「伸縮警棍」等，而應對囚犯的低致命武器，則會包括：「布袋彈長槍」、可發射「催淚彈」及「橡膠子彈」的防暴槍、「手槍形胡椒珠」發射器及「電筒型胡椒珠發射器」，亦會配備點三八口徑手槍等。

附件七：網上預約公事探訪服務

1. 公事探訪

懲教署現已推行公事探訪電子預約服務[#]，供註冊用戶於懲教署網頁預約各懲教設施的公事探訪。

你可透過香港懲教署網頁或流動應用程式，在指定時間於網上預約公事探訪。網上預約公事探訪服務的主要功能包括：

[#]公事探訪電子預約服務，適用於政府人員及香港律師會或香港大律師公會指定名單上的法律人員，即律師、大律師、實習律師、註冊外地律師及授權文員。

2. 功能簡介

- 取代現時以電話預約公事探訪
- 你可使用桌面電腦或流動裝置進行網上預約公事探訪服務
- 網上預約公事探訪可預約未來7天的探訪時間（星期六下午、星期日及公眾假期除外）
- 即時得知可預約配額狀況
- 於網上預約公事探訪後，系統會以電郵方式向你發出預約提示
- 你也可以更改、取消或翻查你的預約

3. 常見問題

問01：我可在甚麼時候預約？

答01：本系統服務時間為每日之0600時至2400時。 如需預約或更改探訪時段，你必需最遲於前一個工作天之1630時前進行預約。視乎配額情況，網上預約公事探訪服務能提供未來7天的日期作選擇（星期六下午，星期日及公眾假期除外）。

問02：如我所選日期的預約配額已滿，我可以怎樣做？

答02：如你所選日期的預約配額已滿，你可選擇預約另一個日期。第8天的配額會於下一天的0830時後開放予公眾預約。此外，各院所亦設有即日派發的配額，你可考慮親身前往院所探訪室領取即日配額進行公事探訪，但須視乎當日是否有剩餘配額。

問03：若我想更改預約，應怎樣做？

答03：在預約未獲確認及有剩餘配額的情況下，你能更改同日的預約時段。但當預約已獲確認，預約便不能更改。

問04：預約後，未能如期前往院所探訪室辦理公事探訪手續，應怎樣做？

答04：請最遲在已預約日期前一天更改或取消原先的預約，以讓出配額給其他有需要的人士。

問05：我如何得知是次預約是否成功？

答05：所有成功的預約均會以電郵通知你。另外，你可使用「更改或取消預約」選項，查詢你的預約狀況。

問06：我在註冊帳戶時需要提供什麼證明文件？

答06：在註冊帳戶時，你需要提供由機構發出的職員證（例如香港律師會、香港大律師公會等）或機構發出的公事探訪文件作為證明文件。

問07：為何我在登入公事探訪服務時，系統會顯示「登入失敗。重複登錄」？

答07：考慮到各使用者能公平使用，使用者不能在同一時間重複登入系統。

問08：網上預約公事探訪服務支援流動裝置的平台？

答08：本署的網上預約公事探訪服除了支援桌上電腦瀏覽外，亦支援兩大流動裝置的操作系統 — iOS 及 Android OS，平板電腦同樣可以使用。

問09：忘記登入密碼，怎麼辦？

答09：如忘記登入密碼，只須點選「忘記密碼」選項，然後按指示輸入你已登記的電郵地址。重設的密碼會經系統以電郵傳送給你。

問10：自設密碼有什麼格式要求？

答10：密碼必須由 8 至 16 位字元組成，當中須包括字母及數字。

問11：忘記登入電郵地址，怎麼辦？

答11：如忘記登入電郵地址，你可電郵至 email@csd.gov.hk 查詢。

問12：我如何確定探訪設施是否已成功預約？

答12：使用者遞交預約申請時，系統會發出一封電郵到使用者所登記的電郵地址，確認使用者的預約申請已經成功。而系統會於預約日期的前一個工作天發出一封跟進電郵，通知使用者該在囚人士是否能出席會面。假如使用者於預約日期的前一個工作天尚未收到跟進電郵，請檢查電郵的垃圾郵箱或與探訪室職員聯絡。

問13：如果缺席，會有什麼後果？

答13：為有效善用資源，電子預約服務使用者如缺席已登記的公事探訪兩次，該帳戶將會被暫停7天；其後每次缺席會被暫停帳戶14天。如6個月內再沒有缺席公事探訪，累積的缺席紀錄將會被清除。

4. 一般查詢

如有任何查詢，可致電熱線電話2511-3511， 或電郵至 email@csd.gov.hk。

5. 惡劣天氣下的探訪安排

a. 若8號或以上熱帶氣旋警告信號或黑色暴雨警告於探訪時間[1]前發出，探訪安排[2]將會停止。

b. 若8號或以上熱帶氣旋警告信號或黑色暴雨警告於探訪時間內發出，探訪安排將會停止，而正在進行的探訪可繼續進行。

c. 若8號熱帶氣旋警告信號或黑色暴雨警告在探訪時間完結前除下，如情況許可[3]，探訪安排將會於兩小時內恢復[4]。

註：

[1] 探訪時間指各懲教院所為訪客提供探訪安排的辦公時間。

[2] 探訪安排包括登記程序及其他流程。

[3] 考慮因素包括是否有交通工具前往位於喜靈洲和大嶼山的偏遠院所。

[4] 訪客應注意登記程序的一貫規定，須於探訪時間完結前的指定時間內辦妥登記手續。

6. 供應私人膳食給候審囚犯（還押囚犯）

根據香港法例234A章192條，候審囚犯可收受私人膳食。為配合管方及保安要求，懲教署要求食物由持有合法牌照食物供應商提供。

7. 私人膳食供應商申請方法

根據香港法例234A章192條；候審囚犯可收受私人膳食。為了確保食物衛生及安全性，懲教署要求食物由持有合法牌照食物供應商提供；並要遵守由本院所定下的守則。

申請方法：

1. 以書面提出申請；

2. 由總懲教主任（更生事務）或指定職員解釋守則；

3. 同意者要簽署和蓋上公司印章作實並同時要提交牌照，餐單及有關文件以作審批；

4. 審批需時 21個工作天；

5. 生效日期由本院所以書面回覆確實。

附件八：親友探訪安排

1. 探訪次數及每次探訪的人數

還押人士可接受親友探訪，每天1次，探訪限時15分鐘，每次不得超過2名探訪者（包括嬰兒及孩童）。

定罪在囚人士可接受親友探訪，每月2次，探訪限時30分鐘，每次不得超過3名探訪者（包括嬰兒及孩童）。

所有在囚人士在收押入院所時須申報他們的探訪者的姓名及與其的關係。其後，在囚人士可在探訪名單上增加新的探訪者或刪除原有的探訪者，但須得到院所管方批准。

2. 探訪時間及院所的位置

所有院所均有指定的探訪時間，一般為上午9時至下午5時，探訪者須於探訪時間完結前30分鐘辦妥登記手續。部分院所（例如收押所和中途宿舍）會有不同安排，以切合需要；詳情請參閱院所資料網頁。有關網頁亦列明各院所的地址及前往院所的公共交通工具資料。

3. 探訪期間所需提供的個人資料

探訪者進行首次探訪時須出示個人身分證明文件以供核對，並須在登記便條上填寫姓名、香港身分證號碼（或有效旅遊證件號碼）、地址，以及與所探訪的在囚人士的關係。日後再探訪同一在囚人士時，除非地址有變，否則無需在登記時再次填寫地址。

4. 探訪期間交來的物品

在囚人士可透過探訪者到訪時把某些物品帶給他們。還押人士與定罪在囚人士的認可交來物品一覽表並不相同，詳情請參閱認可交來物品一覽表。

此外，在囚人士如需親友帶給他們某些物品（例如牙線），必須每次先取得院所管方批准。

探訪者如要把一覽表所列的任何認可物品帶進院所，須把物品交給登記處的職員檢查和登記。基於保安考慮，院所會把交來的所有同類物品收集一起，然後以隨機方式分派給有關在囚人士。

懲教署大致上會為所有在囚人士提供日用品，足以讓他們在羈押及更生期間維持健康合適的生活。除根據《勞教中心條例》或《更生中心條例》而被羈留的所員外，在囚人士可使用在羈押期間工作所賺取的工資於每月的小賣物品認購中購買其他物品（包括衛生護理用品、文具、小食及飲料等）。是項安排的目的是鼓勵在囚人士，為他們提供工作的原動力。

5. 限制探訪在囚人士

為了維持懲教設施的良好紀律和秩序，及防止罪行，如訪客在探訪在囚人士期間作出不當或懷疑不法行為，可被禁止探訪，為期7天或14天。

6. 視像探訪

如在囚人士希望其因年長、懷孕、殘疾或其他特別原因而不便前往院所探望的親友探訪，在囚人士可以預先向院所管方申請視像探訪安排。合資格在囚人士每月最多可接受1次視像探訪，每次不得超過3名探訪者，每次探訪限時20分鐘。申請一經批准，探訪者會被通知可前往位於旺角聯運街30號旺角政府合署閣樓的旺角輔導中心進行視像探訪。

7. 視像法律探訪

服務時間：上午9時至下午5時（星期一至星期五）

地點：金鐘道38號高等法院低層6樓

8. 預約

a. 請致電2926-9888羅湖懲教所探訪室職員預約。預約服務於上午9時至下午5時。

b. 須由律師預約並事前徵得當事人同意。

c. 可預約當天及下兩個工作天的服務時間。

d. 通常律師在每個1小時的時段內，只可接見1名當事人。但如條件許可，探訪室主管會視乎情況處理接見多於一名當事人的申請。

附件九：探訪者常見問題

問01：探訪者可否查詢有關在囚人士的監禁資料？

答01：任何個人資料均須根據《個人資料（私隱）條例》（第486章）保密。因此，我們只能回答關於在囚人士在何處服刑的電話查詢，而查詢者必須是有關在囚人士已申報的探訪者，並已獲得該在囚人士的事先同意。

署方一般不會回應關於在囚人士判刑詳情的查詢。查詢電話號碼請參閱院所資料網頁。事實上，在囚人士如欲通知親友關於自己被羈押/轉解其他院所/獲釋的消息，我們現時已設有措施協助他們。

問02：探訪者在探訪時可否攜帶個人物品？

答02：探訪者在探訪時不得攜帶個人物品，而須在探訪前把個人物品存放在指定的儲物設施。基於保安理由，探訪者須通過金屬探測門廊及/或接受手提金屬探測器檢查，方可進入院所。警衛犬亦會在所有探訪地點巡邏。

探訪者應留意，根據《監獄條例》第18條的規定，任何人未經許可把任何物品引進監獄，即屬違法，一經定罪，可被判處罰款2,000元及監禁3年。同樣，在囚人士如未獲授權管有任何物品，即觸犯《監獄規則》第23條及第61條。

問03：探訪者可否把藥物交來予在囚人士？

答03：每所監獄均有衛生署醫生駐診，根據法例規定，有關醫生負責主管醫療事務，並為監獄內所有在囚人士提供醫療服務。如認可探訪者交來的藥物是由註冊執業醫生正式處方，而其原有包裝上有清晰的標示和標籤，監獄的醫生會予以考慮。

問04：為何交來予在囚人士的物品須為指定品牌及符合指定規格？

答04：基於保安考慮，院所會把交來的所有同類物品收集一起，然後以隨機方式分派給有關在囚人士。為方便執行這項工作，我們須根據每種獲准交來物品的保安風險、普及程度及是否獲市場持續供應而統一其品牌及規格。

問05：探訪者在探訪期間可否吸煙？

答05：不可以。探訪室內禁止吸煙。根據《吸煙（公眾健康）條例》（第371章）規定，違例者可被判定額罰款5,000元。

問06：在囚人士在監獄內會否獲提供足夠的日用品？

答06：會。所有在囚人士均獲提供足夠的日用品，讓他們在羈押及更生期間維持健康合適的生活環境。他們亦會獲供應均衡膳食，有關膳食是由營養師參考現行的國際及本地健康指引而設計的。

在囚人士在不同氣候也會獲發足夠和適當的衣物及被鋪，以保持身體健康。此外，他們亦會獲供應基本的梳洗用品，包括牙膏、牙刷、廁紙等，以確保個人清潔衛生。

問０７：在囚人士如有醫療需要或情緒問題，會否在監獄內獲得治療？

答07：會。每所監獄均設有醫療設施，並有衛生署醫生及合資格的醫護人員負責照顧在囚人士的醫療及健康需要。在囚人士如感到身體不適，會由醫生/醫護人員應診，獲得所需治療。至於有情緒問題、適應困難或任何心理問題的在囚人士，亦可獲提供心理服務。

問08：在囚人士如有適應院所或個人／家庭的問題，應怎樣處理？

答08：所有在囚人士在羈押期間如有任何問題，可以向所屬院所的當值職員或高級人員求助。

院所的更生事務組人員會為在囚人士提供輔導及實質協助，以助他們解決適應院所或個人／家庭的問題。如有需要，個案會轉介相關的專業人員跟進。

問09：探訪安排是否收費？

答09：我們不會就探訪安排向住囚人士或他們的親友收費。事實上，懲教署的其他安排（包括提供食物、住宿地方及衣物等）亦不會收費。如有任何人就懲教署的任何安排向你索取金錢、禮物或取得優待，應盡快向院所的高級人員或廉政公署舉報。

問10：是否有任何投訴途徑？

答10：有。如有任何投訴，可向任何當值職員作出，或要求會見院所高級人員，亦可向懲教署投訴調查組直接作出投訴。

問11：我是殘疾人士。假如我想親身前往院所探訪在囚的朋友／親人，而不使用視像探訪服務，是否有任何特別安排？

答11：部分懲教院所的原先設計並非專作監獄用途。為符合政府為殘疾人士提供無障礙環境的既定政策，所有新建懲教設施和正進行翻新的現有懲教設施均會採用無障礙設計。

假如你預見在使用本署的探訪設施時會有困難，請與個別院所管方聯絡，院所管方會因應你的情況給予建議和協助。假如你想了解個別懲教院所提供的無障礙設施，可直接與該院所無障礙主任聯絡。

問12：我可否對在囚人士進行額外探訪？

答12：為協助定罪在囚人士改過自新及增進其與家人的關係，所有定罪在囚人士均可於法定探訪次數外，每月為其家人申請增加2次探訪。

問13：在囚人士可收受多少本雜誌、期刊或書籍？

答13：在囚人士每月最多可收受6本雜誌、期刊或其他一般刊物。宗教書籍則不在此限，而教科書則可依照獲批准之數量收受。

問14：我可否攜帶任何食物予在囚人士？

答14：懲教署為所有在囚人士供應簡單而有益健康的食物。所有餐單均由合資格的營養師釐定，營養成分獲衛生署認同並符合有關國際健康指引。

懲教署現時因應在囚人士的健康、膳食和宗教需要，提供4類主要餐膳，分別為：

－以米飯為主食的第1類餐

－以咖喱和薄餅為主食的第2類餐

－以薯仔和麵包為主食的第3類餐及

－全素食的第4類餐

除以上四類主要餐膳外，懲教署亦會提供其他附屬餐類以配合個別在囚人士的特別需要。還押在囚人士可自行購買或收受私人食物。

如欲查詢有關私人食物的安排，可與院所之更生事務組職員聯絡。探訪者亦可於到訪時把小食之類的食品帶給還押在囚人士。詳情請參閱認可交來物品一覽表。

問15：除了探訪外，我可否經常寫信給在囚人士，而他們可否如是寫信給我？

答15：可以。在囚人士可以接收或寄出信件，而數量不限。定罪在囚人士每星期可寄出一封由公費支付信封、信紙及郵費的信件。如欲寄出更多信件，

則可用由工作賺取的工資購買郵票。

還押人士則會獲供應合理數量的紙張及書寫工具來寫信。如有需要，所有在囚人士均可申請由探訪者把適量數目的郵票帶給他們。詳情請參閱認可交來物品一覽表。

附件十：懲教實務思考及運用

懲教署前線人員（二級懲教助理）的主要職責

監督在囚人士、教導所／更生中心的青少年及戒毒所內的戒毒者；及執行其他指派的工作。須受《監獄條例》約束，並可能須穿著制服及輪班當值，及可能須於通過在職訓練後從事醫院護理工作及在部門宿舍居住。

監獄條例及監獄規則 Cap 234, 234A

法例已列明部屬人員（包括二級懲教助理）必須遵守相關法例。

註：部屬人員（subordinate officers）指高級懲教主任、懲教主任、懲教助理、護士以及職級在總懲教主任以下而行政長官宣布為部屬人員的懲教署任何其他人員。

任何懲教署人員或受僱於監獄的其他人，如違反或准許違反監獄條例（Cap 234章 第十八條A(1)款）的規定，將未經授權的物品引進監獄，除可受上述懲罰及任何其他懲罰外，並可被撤職。

禁止某些交易（Cap 234A章第73條）

懲教署人員不得——

a. 與任何囚犯或代表任何囚犯進行任何金錢或其他交易，或私下僱用任何囚犯；

b. 售賣或出租，或容許售賣或出租任何物品予囚犯，或在售賣或出租任何物品予囚犯中有利害關係；

c. 在任何時間或以任何藉口，收受任何金錢、費用或任何種類的酬金，以讓任何訪客進入監獄或探訪囚犯，或在任何時間或以任何藉口，從任何囚犯或代表任何囚犯收受任何金錢、費用或任何種類的酬金；

d. 向供應食物或其他物品予監獄使用的承辦商借入款項；

e. 在供應食物或其他物品予監獄使用的任何合約中，直接或間接有任何利害關係，亦不得以任何藉口向任何有關的人收受任何費用或酬金；

f. 放款收息，亦不得以獲支付或獲承諾償還較大數額的款項為代價而放款，或為任何其他有值代價而放款。

禁止傳遞財產進出監獄（Cap 234A章第74條）

除為執行職責或獲監督授權外，懲教署人員不得將任何屬私人或政府財產的物品帶進或攜出監獄，或明知而容許將任何屬私人或政府財產的物品帶進或攜出監獄。

懲教署 的工作可分為下列幾類：

a.	班務工作	b.	其他特別班務工作，例如維修組、鎖匠工作等等。
c.	保安工作	d.	醫院工作
e.	警衛犬隊	f.	部門應變隊
g.	更生事務	h.	判前評估
i.	評估管理	j.	福利輔導
k.	釋後監管	l.	社區教育

懲教院所的分類及概要

A. 成年男性在囚人士

懲教署轄下有九間懲教院所專門收納成年男性在囚人士。

1. 荔枝角收押所收押候審的在囚人士及剛被定罪而仍須等候歸類編入適當懲教院所的在囚人士。

2. 赤柱監獄是本港最大的高度設防監獄，囚禁被判終身監禁或較長刑期的在囚人士。

3. 石壁監獄是另一間高度設防監獄，專門囚禁被判中等至較長刑期的在囚人士，包括終身監禁人士。

4. 塘福懲教所、喜靈洲懲教所及白沙灣懲教所均為囚禁成年男性在囚人士的中度設防監獄。

5. 低度設防監獄共有3間，包括東頭懲教所、壁屋監獄及大欖懲教所。年老低保安風險的在囚人士（一般指超過65歲者）均收納於大欖懲教所。

B. 青少年男性在囚人士

1. 壁屋懲教所是一間高度設防院所，用作收押候審及被定罪的青少年在囚人士。

2. 歌連臣角懲教所是專為14歲起但不足21歲的年輕在囚人士而設的教導所。被判入教導所的青少年在囚人士訓練期最短為6個月，最長為3年，獲釋後必須接受為期3年的法定監管。以上青少年在囚人士須參加一個半日上課和半日接受職業訓練的計劃。

3. 沙咀懲教所為一所低度設防院所，用作收納勞教中心受訓生。勞教中心著重嚴格紀律、勤勞工作和心理輔導。14歲起但不足21歲的受訓生在中心的羈留期限由1個月至6個月不等，而21歲起但不足25歲的受訓生，則由3個月至12個月不等。他們於獲釋後均須接受12個月的監管。

4. 勵志和勵行更生中心為男青少年在囚人士而設，合計入住期由3至9個月不等。「更生中心計劃」着重改造青少年在囚人士，他們獲釋後須接受一年的監管。

C. 成年女性在囚人士

懲教署設有兩間懲教院所收納成年女性在囚人士。

1. 大欖女懲教所是一間高度設防院所，用作收押和囚禁成年女性在囚人士。
2. 羅湖懲教所是本港最新的懲教院所，設有一個低度設防及兩個中度設防監區以囚禁成年女性在囚人士。

D. 青少年女性在囚人士

1. 勵敬懲教所是一間低度設防院所，用作14歲起但不足21歲青少年女性在囚人士的收押中心、教導所、戒毒所及監獄。
2. 芝蘭和蕙蘭更生中心根據「更生中心計劃」收納女青少年在囚人士。

E. 戒毒治療

懲教署施行強迫戒毒計劃，為已定罪的吸毒者提供治療。法庭倘不擬判吸毒者入獄，可判他們入戒毒所接受治療。

1. 喜靈洲戒毒所收納成年男性戒毒者，而勵新懲教所則收納成年及年輕男性戒毒者。
2. 勵顧懲教所及勵敬懲教所分別收納成年及年輕女性戒毒者。
3. 戒毒者須接受戒毒計劃治療，為期兩個月至12個月不等。戒毒計劃以紀律及戶外體力活動為基礎，強調工作及治療並重。戒毒者獲釋後，還須接受為期1年的法定監管。

F. 精神評估及治療

精神失常的刑事罪犯及危險兇暴的罪犯均在小欖精神病治療中心接受治療。根據《精神健康條例》被判刑及須接受精神評估或治療的在囚人士會被囚禁於該中心。定期到訪該中心的醫院管理局精神科醫生會為法庭評估在囚人士的精神狀況。該中心收納的男性和女性在囚人士均會被分開囚禁。

強制或自願申請的法定監管
A. 法定監管

懲教署為青少年在囚人士及從教導所、勞教中心、更生中心和戒毒所獲釋的更生人士，以及根據「監管下釋放計劃」、「釋前就業計劃」、「監管釋囚計劃」、「有條件釋放計劃」及「釋後監管計劃」釋放的更生人士提供法定監管，以確保他們繼續得到照顧和指導。

根據香港法例八項條例的10項計劃：

1. 戒毒所條例（第221章）

2. 勞教中心條例（第221章）

3. 教導所條例（第221章）

4. 更生中心條例（第567章）

5. 監管釋囚計劃

6. 監獄計劃下的青少年在囚人士

7. 釋前就業計劃

8. 監管下釋放計劃

9. 有條件釋放計劃

10. 釋後監管計劃

並非所有釋囚合用，強制監管或根據在囚人士申請計劃而定。

B. 為監獄釋囚提供的六項監管計劃

種類	條例	受監管的獲釋者	監管期
a. 監管釋囚計劃	《監管釋囚條例》（第 475 章）	（a）被判刑 6 年或以上的在囚人士；及 （b）因干犯性罪行、三合會相關罪行或暴力罪行而被判刑 2 年或以上但不足 6 年的在囚人士，視乎監管委員會認為是否需要監管而定	由監管委員會[1]決定，但不超過所獲減免的部分刑期
b. 監獄計劃下的青少年在囚人士	《刑事訴訟程序條例》（第 221 章）	剛開始服刑時未滿 21 歲的青少年在囚人士，刑期為 3 個月或以上，並且獲釋時不足 25 歲	1 年
c. 釋前就業計劃	《囚犯（監管下釋放）條例》（第 325 章）	刑期為 2 年或以上及將於 6 個月內刑滿，根據監管委員會（註 1）的建議獲釋的在囚人士	直至最早釋放日期
d. 監管下釋放計劃	《囚犯（監管下釋放）條例》（第 325 章）	在囚人士已服滿最少一半刑期或已服滿三年或以上刑期中的 20 個月， 而其提早釋放申請已按監管委員會（註 1）的建議獲得批准	直至最遲釋放日期[2]
e. 有條件釋放計劃	《長期監禁刑罰覆核條例》（第 524 章）	正服無限期刑罰的在囚人士，可獲香港特別行政區行政長官根據覆核委員會[3]的建議，予以有條件釋放，並受監管。監管期圓滿完成後，委員會可建議把無限期刑罰改為有期徒刑	由覆核委員會決定， 但 不 超 過 2 年
f. 釋後監管計劃	《長期監禁刑罰覆核條例》（第 524 章）	完成有條件釋放計劃後服有期徒刑的在囚人士，須受監管	由覆核委員會決定，但 不超過所獲減免的部分刑期

[1] 監管委員會根據相關條例成立，成員由香港特別行政區行政長官委任。委員會負責多項事宜，包括考慮應否按適用的條例，批准讓有關在囚人士在受監管下提早釋放，並在作出有關批准後，發出有關提早釋放的命令。

[2] 最早獲釋日期是指減刑後的獲釋日期。

[3] 最遲釋放日期是指原來判刑時所決定及未經減刑的獲釋日期。

[4] 覆檢委員會根據相關條例成立，成員由香港特別行政區行政長官委任。委員會負責多項事宜，包括覆檢被判無限期和長期監禁刑罰的在囚人士。

對於監管人員與在囚人士的家人緊密聯繫,有助在囚人士與其家人培養良好的關係,並協助他們做好準備,以應付日後重返社會可能面對的考驗及需要。監管人員會定期與在囚人士接觸,而在他們獲釋後,監管人員會經常前往他們的居所或工作地點探訪,予以密切的監管和輔導。

中途宿舍

懲教署設有3間中途宿舍,位於龍欣道的豐力樓,主要收納從勞教中心、教導所和戒毒所釋放的年輕男性受監管者;另外是附設於豐力樓的百勤樓,主要收納根據「監管下釋放計劃」、「釋前就業計劃」和「有條件釋放計劃」釋放的男性在囚人士、來自戒毒所的男受監管者及根據「監管釋囚計劃」釋放而有住屋需要的男受監管者;位於大欖涌的紫荊樓則收納根據「監管下釋放計劃」、「釋前就業計劃」和「有條件釋放計劃」釋放的女性在囚人士及來自教導所和戒毒所的女受監管者。中途宿舍可協助受監管者在離開懲教院所後,逐步適應社會生活。

法定監管的成功率

法定監管的成功率,以法定監管期內沒有再被法庭定罪的更生人士所佔百分率計算。就戒毒者而言,更須在該期間內不再吸毒。2019年,各類懲教院所及監管計劃的成功率分別如下:

勞教中心	100%
教導所	77%
戒毒所	57%
更生中心	100%
監獄計劃下的青少年在囚人士	94%
監管下釋放計劃	95%
釋前就業計劃	100%
釋後監管計劃	100%
有條件釋放計劃	100%
監管釋囚計劃	94%

在2019年內監管期滿的男受監管者有967人，女受監管者有207人；而在同年年底仍接受監管的男受監管者有996人，女受監管者則有231人。（資料來源: 懲教署網頁）

福利及輔導服務

輔導主任負責照顧在囚人士的福利事宜，協助和指導他們解決因入獄而引起的個人問題及困難。輔導主任亦在院所內組織更生活動，例如鼓勵長刑期的在囚人士善用時間的「犯人服刑計劃」、協助在囚人士於獲釋後順利重返社會的「重新融入社會釋前啟導課程」等各項計劃。

心理服務

懲教署的心理服務組為在囚人士提供心理輔導，以改善他們的心理健康和糾正犯罪行為。服務範圍包括就其心理狀況擬備心理評估報告，以供法庭、有關覆檢委員會及懲教院所的管理當局在作出決定和管理在囚人士時作參考之用。此外，心理服務組亦為在囚人士提供多項輔導計劃，包括為青少年在囚人士提供的系統化治療計劃「心導計劃──從少做起」以減少他們的重犯誘因，為戒毒所所員而設的「濫用毒品康復計劃」以及分別為有暴力犯罪行為及性犯罪行為的成年在囚人士提供「預防暴力心理治療計劃」及於「心理評估及治療組」接受系統化的心理治療課程以改變其犯罪行為。

因應戒毒者的特別治療需要，懲教署近年研究為現時的女性戒毒康復計劃加入靜觀治療元素，並於2017年5月在勵顧懲教所設立「嘗靜閣」，首次把靜觀治療揉合於懲教院所的戒毒心理服務。懲教署正積極研究於2020年在喜靈洲戒毒所為男性吸毒者設立「嘗靜坊」（Mindfulness Place），把靜觀治療推廣至男性戒毒所當中。「健心館──女性個人成長及情緒治療中心」為女性成年在囚人士提供針對女性而設計的系統化心理治療計劃，以幫助她們

建立積極的生活。首個男士正向生活中心「好望閣」已於2018年11月正式啟用，透過提供切合成年男性在囚人士的心理治療計劃，幫助參與計劃者遠離犯罪陷阱和展開正向生活。此外，為鼓勵青少年在囚人士的家長參與子女的更生歷程，心理服務組亦於2015年推出新猷「家愛計劃——從心出發」，以便更有效針對現今家庭和年輕在囚人士的心理需要。

心理服務組亦顧及職員及其家人的心理健康及需要，自2010年起積極推廣健康均衡生活，提倡精神健康的重要，並提供心理治療及壓力管理等訓練。在2019年，職員心理服務網頁進行了革新，加入互動元素，讓職員及其家屬可以隨時隨地獲取心理健康資訊。

更生協作夥伴

懲教署與更生協作夥伴緊密合作，推行助更生工作。2019年，約100個非政府機構/慈善團體/協作機構/社區持份者提供各種輔導、文化、宗教及康樂活動，或服務以迎合在囚人士的更生需要。

促進社區參與

懲教署積極爭取社會支持，促進社區參與在囚人士的更生工作。在眾多夥伴中，成員包括來自不同界別領袖與專業人士的社區參與助更生委員會，就更生策略（特別是宣傳計劃）向署方提供意見。

更生先鋒計劃

1. 教育講座
2. 面晤在囚人士計劃
3. 綠島計劃

4. 參觀香港懲教博物館

5. 延展訓練營

6. 青少年座談會

7. 「創藝展更生」話劇音樂匯演

8. 思囚之路

9. 暑期遊學團

10. 更生先鋒領袖

宗教服務

宗教服務由一名全職專職教士策劃及提供，並獲得多名自願作探訪及主持禮拜的義務專職教士協助。不少其他宗教的志願人士及更生協作夥伴亦在懲教院所內提供各類靈修及社會服務。

在囚人士的醫療護理

所有懲教院所均設有醫院，由合資格醫護人員當值，並由衛生署派駐醫生的協作下，提供24小時的基本醫療服務。如在囚人士需要進一步檢查和治療，他們會獲轉介予到診專科或至公立醫院繼續跟進。

巡獄太平紳士

兩名巡獄太平紳士每隔兩星期或一個月共同巡視每所懲教院所，相隔時間視乎院所類別而定。巡獄太平紳士須履行相關的法定任務，包括調查在囚人士向他們提出的投訴、視察膳食，以及巡視懲教院所內的建築和住宿設施。太平紳士須在指定期間內巡視懲教院所，但確實日期和時間則自行決定，事前不必知會有關院所。

職員訓練

懲教署的職員訓練院負責策劃及舉辦各項訓練課程,向職員灌輸有關的工作知識,讓他們履行部門的任務和實踐所定的抱負及價值觀。

職員訓練院舉辦的培訓及訓練課程範圍廣泛。新入職的懲教主任及懲教助理須分別接受26及23個星期的入職訓練,當中包括懲教工作知識、虛擬系統及實境訓練、戰術使用訓練及懲教院所實習等。

該院亦定期舉辦各項專業發展訓練課程;如複修課程、與職務相關的訓練課程、專業管理訓練和指揮訓練課程等,以加強職員的工作效率及促進其事業發展。職員訓練院亦繼續加強與外間培訓機構的合作,包括本地及海外大專院校和內地及海外訓練機構,並委任相關的專業人士及學者為名譽顧問。

為提升訓練的專業性,職員訓練院已註冊成為香港學術及職業資歷評審局下第四級營辦者,舉辦於香港資歷架構下認可的課程。其中,為新入職二級懲教助理所舉辦的「懲教事務專業文憑(懲教助理)」於2019年成功獲香港學術及職業資歷評審局認可為「資歷架構」職業界別第四級別課程,與學術界別的副學士學位或高級文憑屬同一級別。

為了進一步增強持續進修及終身學習文化,懲教署自 2010 年起,開發及啟用名為知識管理系統的一站式網上學習、經驗及知識分享平台,利用科技提高懲教人員學習工作知識的成效。於2019年,懲教署榮獲香港區「最具創新力知識型機構大獎2019」及成為全球「最具創新力知識型機構大獎2019」得獎者,於知識管理及創新方面的表現備受國際推崇。

鳴謝

　　本書得以順利出版，有賴各方鼎力支持、協助及鼓勵，並且給予專業指導，在內容的構思以及設計上提供許多寶貴意見。本人對他們尤為感激，希望藉此機會向他們衷心致謝。

香港科技專上書院 校長 時美真博士
香港科技專上書院 懲教實務毅進文憑課程 各老師及行政部同事

仇志明
前總懲教主任
香港科技專上書院
懲教實務毅進文憑課程導師

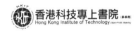

看得喜 放不低

創出喜閱新思維

書名	懲教投考實戰攻略 Correctional Services Recruitment Guide
ISBN	978-988-74806-9-3
定價	HK$138
出版日期	2021年2月
作者	前總懲教主任 仇志明
統籌	Mark Sir、麥尼
版面設計	方文俊
出版	文化會社有限公司
電郵	editor@culturecross.com
網址	www.culturecross.com
發行	香港聯合書刊物流有限公司
	地址：香港新界大埔汀麗路36號中華商務印刷大廈3樓
	電話：（852）2150 2100
	傳真：（852）2407 3062

網上購買 請登入以下網址：

一本 My Book One
🌐 www.mybookone.com.hk

超閱網 Superbookcity
🌐 www.mybookone.com.hk

香港書城 Hong Kong Book City
🌐 www.hkbookcity.com